KB117662

인조이

다낭·호이안·후에

인조이 다낭 · 호이안 · 후에 미니북

지은이 마연희
펴낸이 최정심
펴낸곳 (주)GCC

2판 1쇄 인쇄 2019년 2월 28일
2판 1쇄 발행 2019년 3월 2일 ②

출판신고 제 406-2018-000082호
주소 10880 경기도 파주시 지목로 5
전화 (031) 8071-5700 팩스 (031) 8071-5200

ISBN 979-11-89432-50-8 13980

가격은 뒤표지에 있습니다.
잘못 만들어진 책은 구입처에서 바꾸어 드립니다.

www.nexusbook.com

여행을 즐기는 가장 빠른 방법

인조이 다낭 호이안·후에

DA NANG

마연희 지음

넥서스BOOKS

여는 글

결코 만만하지 않은 곳, 그러나 내일이 기대되는 다낭!

2013년 어느 여름 날, 6개월 동안 준비했던 오키나와 출장이 '태풍'처럼 날아가는 바람에 우연히 발길을 돌리게 된 다낭. 2013년의 다낭은 '날 것' 그대로였다. 미케 비치는 온통 호텔 신축 공사로 포클레인이 줄지어 서 있고, 흙먼지가 날려서 걸어 다니기 힘들었다. 찾아 들어간 로컬 식당과 마사지 숍에서는 간단한 영어조차 통하지 않을 정도였다.

지금 다낭에서는 현지인을 만나면 반가울 정도로 한국 사람이 많지만, 그때만 해도 외국인이 다낭 시내를 돌아다니는 일은 충분히 주목 받는 일이었다. 마치 다낭은 아직은 손때가 덜 탄, 조용하고 소박한 그냥 옆 동네 같은 곳이었다. 일주일간의 다낭. 짧지만 강한 여운으로 한국행 비행기 안에서 벌써 다음 여행을 약속하며 3년 동안 수없이 드나들었다.

나의 첫 베트남, 그리고 다낭.

걸음마를 하듯이 '신짜오'부터 숫자까지 하나하나 베트남을 배워 갔고, 베트남 문화와 음식, 역사에 빠져들었다. '이제 다낭을 좀 알아!'라고 생각할 때, 다낭에 또다시 개발의 바람이 불더니, 온통 다 바뀌어 버렸다. 한국에서 매일 10회가 넘는 항공편이 다낭으로 향하고, 자고 일어나면 들어서는 새로운 호텔들과 바뀌는 현지 정보, 그리고 가파르게 올라가는 물가까지도. 다낭은 정말 '일 많고, 고생스러운' 여행지가 되었다. 그렇지만 그동안의 고생보다 숨겨진 매력이 더 큰 곳임을 알기에, 지난 10년보다 앞으로 10년 후가 더 기대되는 곳이다.

다낭을 제대로 알려면 세 번은 가야 한다.

처음은 미케 비치와 다낭의 오행산, 린옹사, 대성당 등 명소를 꼭 다녀 보고(물론 선 월드 바나힐도 빼놓지 말자), 두 번째는 다낭에서만 가능한 다양한 베트남 음식을 경험하고, 세 번째에는 후에에서 베트남 역사와 함께 '진짜 베트남'을 만나기를 추천한다. 다낭에서 놀라고, 호이안에서 감동하고, 후에에서 가슴의 울림이 있을 것이다. 부족한 글솜씨로 책에 다 담지 못한 다낭에 대한 뒷이야기와 생생한 현지 정보들은 cafe.naver.com/honeymoon100을 통해서 업데이트할 예정이다. 물론 다낭에 대한 어떠한 질문이라도 환영한다.

마연희

Special Thanks to

넥서스 김지운 팀장님! 그리고 고병찬 님!
늦어지는 원고에도 믿고 기다려 주셔서 감사해요! 두 분 덕분에 멋진 책이 나올 수 있었습니다.
원고 쓰라고 밤낮으로 아이를 봐준 남편 고생하셨어요. 그리고 베트남어부터 역사까지 감수해 주신 Ms. Huy Chau 님까지 모두 감사합니다.

미리 만나는 다낭

베트남 중부의 대표적인 도시 다낭과 호이안, 후에는 어떤 매력을 가지고 있는지 주요 볼거리와 체험거리, 먹거리 등을 사진으로 보면서 여행의 큰 그림을 그려 보자.

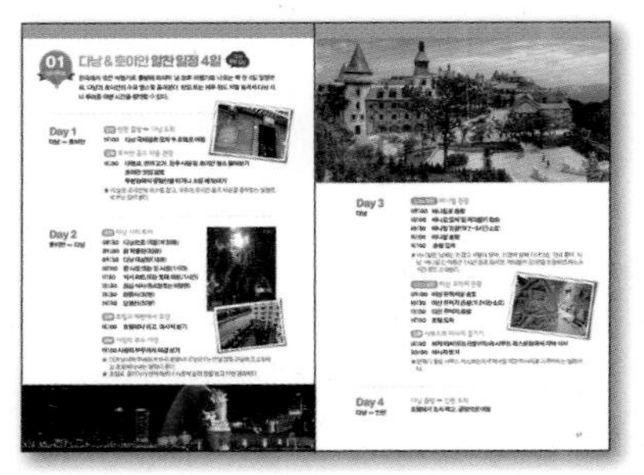

추천 코스

어디부터 여행을 시작할지 고민이 된다면 추천 코스를 살펴보자.
저자가 추천하는 코스를 참고하여 자신에게 맞는 최적의 일정을 세워 본다.

지역 여행

다낭 · 호이안 · 후에에서 꼭 가 봐야 할 대표적인 관광지와 체험거리, 맛집과 숙소 등을 소개하고, 상세한 관련 정보를 알차게 담았다.

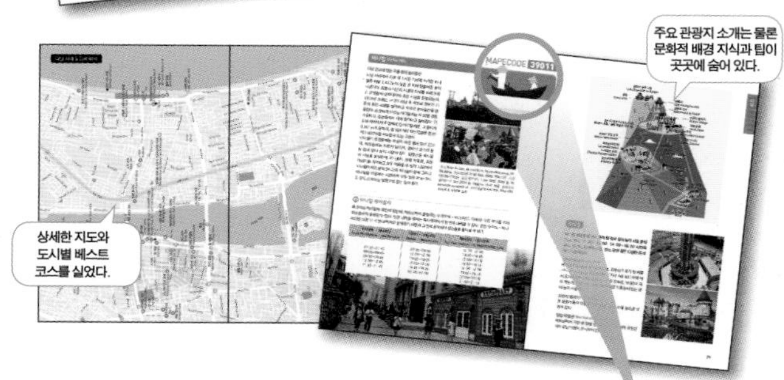

가이드북 최초 자체 제작 **맵코드 서비스**

인조이맵 enjoy.nexusbook.com

★ '인조이맵'에서 간단히 맵코드를 입력하면 책 속에 소개된 스폿이 스마트폰으로 쏙!
★ 위치 서비스를 기반으로 한 길 찾기 기능과 스폿간 경로 검색까지!
★ 즐겨찾기 기능을 통해 내가 원하는 스폿만 저장!
★ 각 지역 목차에서 간편하게 위치 찾기 가능!

체험거리

다낭에서만 즐길 수 있는 특별한 체험거리를 담았다. 서핑은 물론 에코 투어, 쿠킹 클래스 등 휴양만이 아닌 다낭을 알차게 즐길 수 있는 방법을 소개한다.

테마 여행

베트남의 다양하고 맛있는 음식과 열대 과일, 이제는 여행에서 빼놓으면 아쉬운 스파와 마사지, 여행 성격에 맞는 숙소 선택과 이용 방법까지 다낭 여행의 특별한 테마를 소개한다.

여행 정보

여행 전 준비 사항부터 출국과 입국 수속 까지 알지만 다시 한 번 읽어 보면 유용한 정보들을 담았다.

찾아보기

이 책에 소개된 관광 명소, 레스토랑, 숙소 등을 이름만 알아도 쉽게 찾아볼 수 있도록 정리해 놓았다.

Notice! 현지의 최신 정보를 정확하게 담고자 하였으나 현지 사정에 따라 정보가 예고 없이 변동될 수 있습니다. 특히 요금이나 시간 등의 정보는 안내된 자료를 참고 기준으로 삼아 여행 전 미리 확인하시기 바랍니다.

Contents

테마 여행

여행 정보

040

미리 만나는 다낭

- 다낭 여행에서 꼭 해야 할 것들
- 다낭 · 호이안 · 후에의 대표적인 볼거리
- 다낭 · 호이안 · 후에의 음식과 음료
- 다낭 · 호이안 · 후에의 쇼핑 리스트

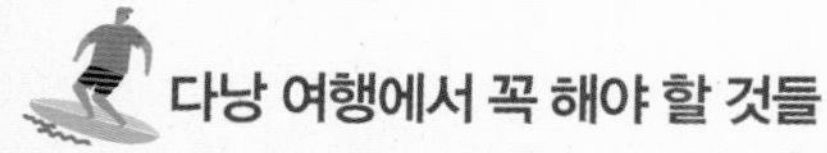

다낭 여행에서 꼭 해야 할 것들

베트남 마지막 응우옌 왕조의 도읍지 후에, 참파 왕국의 성지 다낭, 그리고 17세기 해상 무역의 중심지 호이안에는 수 세기 동안의 베트남 역사가 고스란히 남아 있다. 비슷한 듯 다른 갖가지 매력을 가지고 있는 다낭과 호이안, 후에에서 꼭 보고, 먹고, 즐겨야 할 것들을 정리해 보자.

미케 비치에서 서핑 즐기기

세계 6대 비치로 손꼽히는 미케 비치의 파도는 서핑을 즐기기에 완벽하다. 반나절을 투자해서 서핑을 배우거나 해변에서 물놀이와 선탠을 즐겨도 좋다.

베트남 4대 쌀국수를 한곳에서!

다낭에서 가장 먼저 해야 할 일은 오리지널 베트남 쌀국수를 먹는 일이다. 우리에게 익숙한 북부 하노이식 쌀국수 '퍼보 Phở Bò', 오직 다낭에만 있는 '미꽝 Mì Quảng', 호이안의 '까오러우 Cao Lầu', 후에의 매콤한 '분보후에 Bún Bò Huế' 그리고 호찌민식 '분짜 Bún Chả'까지 다양한 쌀국수를 즐길 수 있다. 베트남 북부, 중부, 남부의 모든 쌀국수를 경험할 수 있는 것도 다낭이기에 가능한 일이다.

천천히 걸으며 즐기는 호이안 올드 타운

호이안 올드 타운은 가장 베트남스러운 곳이다. 천천히 걸어서 돌아보면 그 매력을 제대로 느낄 수 있다. 일본인이 만든 내원교와 '장사의 신' 관우를 모신 '관우 사원' 그리고 호이안 로컬 마켓 '호이안 재래시장' 등 구석구석을 돌아보고, 시간이 된다면 쿠킹 클래스와 호이안 문화 체험 그리고 에코 투어 같은 이색적인 프로그램도 즐겨 보자.

호이안 3대 음식 VS 후에 3대 음식

호이안을 대표하는 음식으로 까오러우, 화이트로즈, 호안탄찌엔이 있다면 후에는 분보후에, 반베오, 넴루이가 있다. 일본의 영향을 받은 까오 러우와 후에만의 독특한 매콤한 맛의 쌀국수 분보후에는 베트남 사람들에게도 인기 있는 음식이다. 호이안과 후에에서만 맛볼 수 있는 색다른 베트남 음식들을 주저 말고 도전해 보자.

하루는 선 월드 바나힐로 가자!

해발 1,300m 높이에 만들어져 '구름 속의 놀이 동산'으로 불리는 선 월드 바나힐은 6km에 달하는 아시아에서 두 번째로 긴 길이의 케이블카를 타고 간다. 베트남 사람들에게도 인기 있는 데이트 코스이자, 웨딩 촬영 장소다.

후에성

미선 유적지

3대 유네스코 문화유산탐방

다낭에는 베트남의 대표 문화유산이 모여 있다. 바로 참파 문화의 성지인 미선 유적지와 해상 무역의 중심지 호이안 올드 타운 그리고 베트남 마지막 왕조의 흔적이 남아 있는 후에성과 황릉이다. 역사의 흔적이 배어 있는 베트남의 3대 유네스코 문화유산을 돌아보는 것도 다낭을 즐기는 또 다른 방법이다.

민망 황릉

호이안 올드 타운

사랑의 부두

다양하게 즐기는 다낭의 나이트 라이프

화려한 조명과 네온사인이 많지 않은 다낭의 야경은 그래서 더욱 반짝인다. 사랑의 부두에서 바라보는 용교의 야경과 대관람차 선 휠을 타고 즐기는 아찔한 아경도 좋고, 루프탑 바에서 칵테일 한잔과 함께 야경을 즐겨도 좋다.

마사지와 스파 즐기기

다낭에서는 한국보다 저렴한 가격으로 마사지를 받을 수 있다. 마사지를 좋아하는 사람이라면 매일 마사지가 제공되는 호텔에 묵는 것도 좋은 방법이다. 여행 중 마사지는 피로를 풀고, 더위를 피하는 장소가 되기도 한다.

용교, 참 박물관, 다낭 대성당, 오행산, 린응사는 다낭의 5대 명소로 손꼽힌다. 반나절 택시나 차량을 빌려 좀 더 편하게 돌아볼 수 있다.

참 박물관

참 박물관

오행산

PREVIEW

다낭·호이안·후에의 대표적인 볼거리

베트남 중부의 다낭, 호이안, 후에는 과거와 현재가 공존하고 있다. 중부 최대의 도시인 다낭은 상업 도시로서의 번잡함과 강과 바다가 있는 여유로운 모습을 함께 보여 주고, 해상 무역의 중심지였던 호이안은 옛 가옥을 개조한 레스토랑과 상점들이 운치를 더한다. 옛 왕조의 흔적을 간직한 후에는 베트남의 문화와 역사가 녹아 있다.

미케 비치 My Kye Beach

미국 〈포브스〉지가 선정한 세계 6대 해변 중 하나로, 다낭을 대표하는 해변이다. 미케와 함께 안방 An Bang, 끄어다이 Cui Dai는 베트남 중부의 3대 비치로 꼽힌다. p.069

오행산 Marble Mountain

서유기의 배경이 된 오행산. 다섯 개의 산으로 나뉘어 있어 오행산이라 불리고, 대리석이 많아 마블 마운틴이라고도 한다. p.076

호이안 올드 타운 Hoi An Old Town

호이안에 어둠이 내리고 등이 하나둘씩 켜지면, 100년 전 그 시간 속 모습을 만날 수 있다. p.130

©Bana Hills

선 월드 바나힐 Sun World Bana Hill
'구름 속의 놀이동산' 선 월드 바나힐. 아찔한 케이블카를 타고
해발 1,300m 높이로 올라가면 신세계가 펼쳐진다. p.078

한강과 용교 Han River & Dragon Bridge
한강의 명소 용교의 불 쇼는 꼭 봐야 한다. p.070~071

참 박물관 Museum of Cham
7~15세기 다낭 지역의 참족의 유물 약 300여 점이 전시되어 있다. p.072

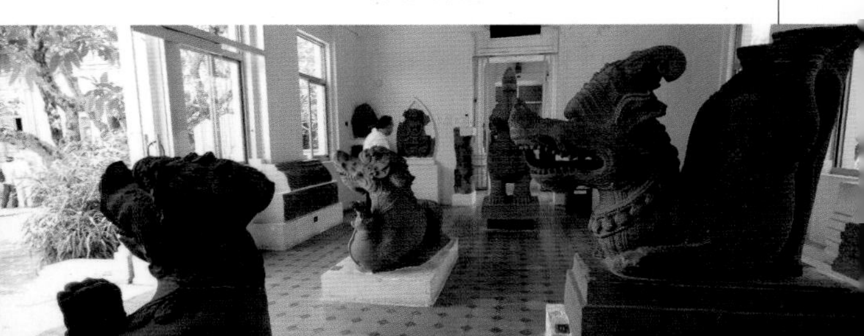

미선 유적지 Myson
참파 왕국의 성지로, 베트남을 대표하는
유네스코 문화유산으로 지정되었다. p.140

선 휠 Sun Wheel
아찔한 대관람차에서 내려다보는
다낭 시내의 야경은 백만 불짜리이다. p.075

다낭 대성당 Danang Cathedral
100년을 지켜 온 다낭의 상징이다. p.074

후에 성채 Hue Citadel
베트남 마지막 왕조 응우옌 왕조의 도읍지 후에와 후에성.
200년 전 찬란했던 응우옌 왕조의 왕궁을 만날 수 있다. p.172

황릉 Tombs of Emperor
웅장한 규모의 응우옌 황릉은 후에에서
꼭 가 봐야 하는 곳이다. 특히 뜨득 황릉과
카이딘 황릉은 빼놓지 말자. p.177~180

하이반 패스 Hai Van Pass
다낭과 후에의 경계선이자, 전쟁의 흔적을 담은 고개 p.081

티엔무 사원 Thien Mu Pagoda
흐엉강이 내려다보이는 언덕에 위치한 티엔무
사원은 후에를 대표하는 사원이다. p.176

PREVIEW

다낭·호이안·후에의 음식과 음료

다낭은 베트남 북부식 요리와 남부식, 그리고 중부 지방에서만 먹는 독특한 요리까지 베트남 전 지역의 요리를 모두 경험할 수 있는 곳이다. 우리가 흔히 알고 있는 쌀국수 이외에도 다양한 종류의 맛있는 베트남 요리를 만날 수 있다.

퍼보 Phở Bò • 퍼가 Phở Gà

우리가 알고 있는 일반적인 베트남 쌀국수로, 하노이 지방에서 주로 먹어, 하노이 스타일 쌀국수라고 한다. 맑은 육수에 쌀국수와 고명으로 소고기나 닭고기를 얹고, 야채를 넣어 먹는다. 담백하고 입맛에 잘 맞는다.

소고기 Bò 닭고기 Gà

분보후에(분보훼) Bún Bò Huế

베트남 중부 후에 Hue 지역에서 먹는 쌀국수로, 퍼보와 비슷하나 매콤한 양념장을 넣어 먹는 것이 특징이다. 비가 적게 오고 태양이 강한 후에 지역에서는 고추가 많이 생산된다. 칼칼한 맛이 우리 입맛에 딱이다.

분팃느엉 Bún Thịt Nướng

돼지고기를 얹은 비빔 쌀국수로, 차게 식힌 쌀국수에 숯불에 구운 돼지고기와 민트·바질·숙주 등의 신선한 생채소와 허브, 베트남식 튀김 만두인 짜조 Chả Giò를 고명처럼 얹어서 느억짬 Nước Chấm이라는 매운 디핑 소스를 곁들여 먹는다.

까오러우 Cao Lầu
일본 소바에서 유래된 굵은 면으로 만드는 돼지고기 비빔 국수이다.

미꽝 Mì Quảng
베트남 중부 꽝남 Quangnam 지역에서 먹는 독특한 비빔 쌀국수. 두툼한 면발에 돼지고기, 닭고기, 새우, 쌀 과자 튀김, 땅콩, 채소를 넣고 피시 소스를 뿌린 자작한 육수에 비벼 먹는다.

시푸드 Seafood
베트남은 세계적인 해산물 수출국이다. 안방 비치, 미케 비치에는 시푸드 식당이 즐비하다. 다낭에서는 랍스터 Tôm Hùm나 생선보다는 새우 Tôm, 게 Cua Ghẹ, 조개류 Sò, Ốc가 많이 잡히고 저렴하다.

Tip 알아 두면 유용한 단어

오징어 Mực 농어 Cá mú 병어 Cá chim 뿔소라 Ốc Gái 굴 Hàu 전복 Bào ngư 제첩 Hến 작다 Nhỏ 크다 Lớn 찌다 Hấp 굽다 Nướng

고이꾸온 Gỏi Cuốn • 퍼꾸온 Phở Cuốn
야채와 익힌 새우 등을 라이스 페이퍼로 싼 요리로, 땅콩 소스나 느억맘 소스를 찍어 먹는다. 고소하게 튀긴 것을 좋아한다면 짜조를 주문하자.

짜조 Chả Giò
짜조는 다진 고기나 새우살, 버섯, 쌀국수 등을 라이스 페이퍼로 싸서 튀겨 낸 요리로 고이꾸온을 튀긴 것으로 보면 된다. 북부 지방에서는 넴 Nem이라고 한다.

반미 Bánh Mì

쌀로 만들어 더욱 부드럽고 고소한 바게트로, 고기, 숙주, 민트 등을 취향대로 넣어 베트남식 샌드위치를 만들어 먹는다. 아침 식사로 고기 국물에 찍어 먹기도 한다.

반바오반박(화이트로즈) Bánh Bao Bánh Vạc(White Rose)
부드러운 라이스 페이퍼에 곱게 갈은 새우살을 넣어 만든
호이안식 물만두로, 까오러우와 더불어 호이안의 대표 음식이다.

호안탄찌엔 Hoành Thánh Chiên
튀긴 화이트로즈에 토마토, 야채 등을
잘게 다져 얹고, 소스를 뿌려 먹는다.

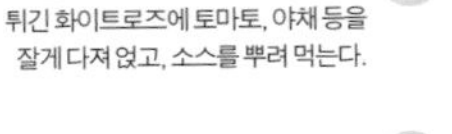

반코아이 Bánh Khoái
베트남식 팬케이크로 계란, 새우, 숙주나물
등을 넣어 기름에 살짝 튀기듯이 만든다.
반쎄오와 비슷하지만 튀겨서 더 고소하다.

반쎄오 Bánh Xèo
묽은 쌀가루 반죽을 프라이팬에 깔고 위에 새우,
돼지고기, 숙주 등을 넣고 반을 접어 만든 베트남식 부침개.
상추나 민트 등을 넣고 라이스 페이퍼에 싸 먹기도 한다.

반베오 Bánh Bèo
쌀가루와 타피오카 가루를 섞어 종지 같은
작은 그릇에 담아 찐 후 새우나 돼지고기 등의
고명을 얹어서 먹는 후에의 대표 요리이다.

반호이팃느엉 Bánh Hồi Thịt Nướng
양념한 돼지고기 바비큐를 쌀국수, 야채와 함께 소스에 적셔 먹는다.

껌찌엔 하이산 Cơm Chiên Hải Sản
껌찌엔은 볶음밥, 하이산은 해산물을 뜻한다. 한국인 입맛에도 잘 맞는 무난한 맛의 해산물 볶음밥이다.

넴루이 Nem Lụi
돼지고기 완자를 모닝글로리 막대에 말아 숯불에 구워서 야채와 함께 라이스 페이퍼에 싸 먹는 음식이다.

까페 쓰어다 Cà Phê Sữa Dà
진하게 내린 베트남 커피에 연유를 넣어 먹는다. 쓰고 진하고 달다.

느억미아 Nước Mía
사탕수수즙으로 길거리에서 직접 짜서 파는 곳이 많다. 더운 여름 당분을 보충하는 데 최고다.

PREVIEW

다낭·호이안·후에의 쇼핑 리스트

베트남은 명품이나 유명한 전자제품은 없지만 각 지역의 특색이 담긴 기념품과 특산품이 있어 소소하게 쇼핑하는 재미가 있다. 큰 돈을 들이지 않고 저렴하고 푸짐하게 살 수 있는 베트남의 인기 쇼핑 아이템을 살펴보자. 현지에서 먹을 간식이나 선물하기 좋은 품목들의 실속 쇼핑은 빅씨(Big C)나 롯데 마트를 이용하면 된다.

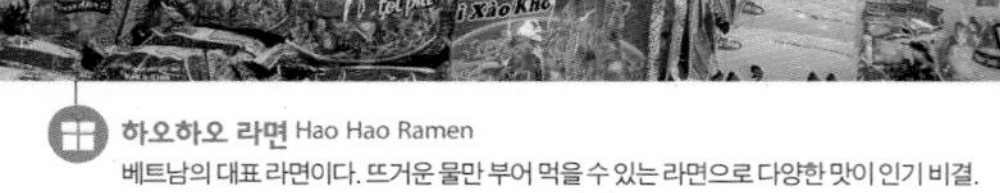

하오하오 라면 Hao Hao Ramen

베트남의 대표 라면이다. 뜨거운 물만 부어 먹을 수 있는 라면으로 다양한 맛이 인기 비결.

비폰 쌀국수 Vifon Rice Noodle

'베트남의 농심' 격인 비폰사에서 나오는 쌀국수는 담백하고 진한 국물 맛으로 인기를 얻고 있다.

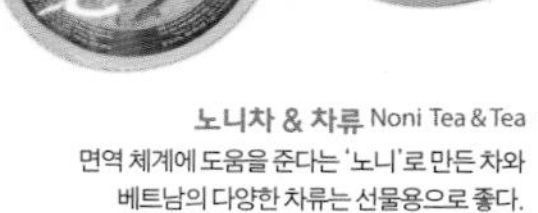

노니차 & 차류 Noni Tea & Tea

면역 체계에 도움을 준다는 '노니'로 만든 차와 베트남의 다양한 차류는 선물용으로 좋다.

베트남 맥주 Bia

베트남 3대 맥주 비어 라루LARUE, 비어 사이공Saigon, 333 론333 Lon은 마트의 인기 아이템으로 가격도 저렴하다.

G7 커피
베트남의 국민 커피 쯩우웬사의 G7 커피는 진한 맛의 믹스 커피로, 가격도 저렴해 가장 많이 사오는 쇼핑 품목 중 하나이다. '3 in 1'은 커피, 설탕, 연유가 들어 있고, '2 in 1'은 커피와 설탕이 들어 있다.

루왁 커피 꼰쫀 Cà Phê Con Chồn
'족제비 커피'로 알려진 꼰쫀은 베트남의 특산품이다. 함량에 따라 가격 차이가 크니 함량을 꼭 확인하고 구입하는 것이 좋다. 다람쥐 커피로 불리는 콘삭Con Sóc 커피도 많이 구입한다.

커피 드립퍼 Phin
베트남 커피를 내리는 드립퍼Phin는 필터가 필요 없어서 사용하기 편리하다. 개당 천 원 정도로 저렴한 것도 장점!

달리 치약 Darlie
미백 치약으로 유명한 달리 치약을 한국보다 60% 이상 저렴하게 살 수 있다.

열대 과일과 말린 과일 Dried Fruit

열대 과일을 소포장으로 먹기 좋게 손질해 판매한다. 단, 과일은 한국으로 가져올 수 없으니 현지에서 많이 먹자. 말린 열대 과일도 저렴한데, 100g에 약 2천 원 정도. 휴대가 간편하고 선물하기에도 좋다.

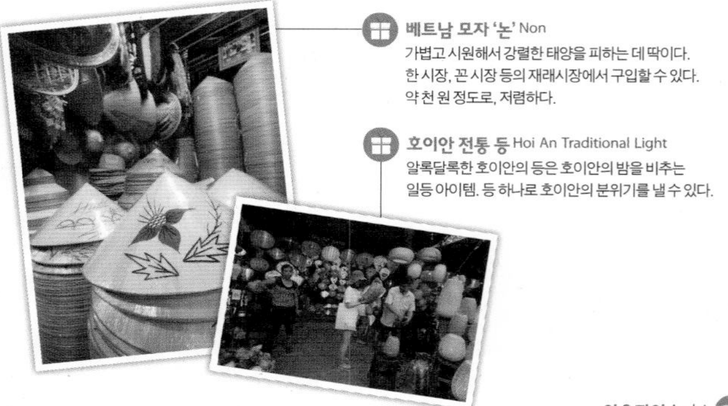

베트남 모자 '논' Non

가볍고 시원해서 강렬한 태양을 피하는 데 딱이다. 한 시장, 꼰 시장 등의 재래시장에서 구입할 수 있다. 약 천 원 정도로, 저렴하다.

호이안 전통 등 Hoi An Traditional Light

알록달록한 호이안의 등은 호이안의 밤을 비추는 일등 아이템. 등 하나로 호이안의 분위기를 낼 수 있다.

아오자이 Aodai

베트남 전통 의상 아오자이의 '아오 Ao'는 옷, '자이 Dai'는 길다는 의미로, 긴 드레스란 뜻이다. 보기와 달리 시원하고 신축성이 있어 입기도 편리하다. 3~4만 원 정도면 아오자이를 맞출 수 있다. 다낭 한 시장 2층, 호이안 시장, 후에 시내에서 맞출 수 있다. 치수를 재고 반나절이나 하루 정도면 옷이 나온다. 가까운 거리는 호텔로 배달해 주기도 한다.

쥐포 & 리얼 새우 과자

한국으로 수입되는 쥐포와 새우의 대부분이 베트남산이다.
현지에서는 가격이 저렴할 뿐만 아니라 맛도 있다. 간식과 안주로 그만이다.

사회주의 콘셉트의 아이템 Propaganda Items

베트남은 사회주의 공화국으로 사회주의에서만
볼 수 있는 '선전물'을 모티브로 한 아이템이 있다.
컵 받침, 수첩, 엽서 같은 것은 이색적인 기념품이 되기도 한다.

베트남 전통 도자기 Ceramics

베트남 쌀국수를 담는 고풍스러운 그릇부터
다도 문화가 있는 베트남의 차기 세트까지 하나하나 손으로
그린 터치감이 그대로 느껴지는 수제 도자기이다.
호이안 시장 근처에 많다.

페바 초콜릿 Pheva Chocolate

베트남산 카카오로 만든 페바 초콜릿은 포장이 예쁘고 저렴해서 선물용으로 좋다. 다낭 대성당 근처와
호이안에 지점이 있다. 초콜릿은 더운 날씨에 녹을 수 있으니 공항 가기 전에 구입하는 것이 좋다.

12월~2월을 제외하고 다낭 여행은 더위와의 싸움이라고 할 정도로
날씨가 일정에 큰 영향을 미친다. 무리하게 하루 종일 다니는 일정보다
가능하면 오전에 다니고, 오후에는 호텔에서 쉬는 일정으로 하는 것이 좋다.
반일 또는 하루 정도 차량을 빌려서 관광지를 돌아보면 비용과 시간을 줄일 수 있다.

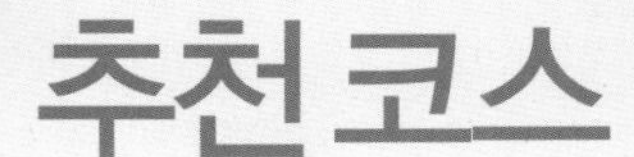

- 다낭 & 호이안 알찬 일정 4일
- 다낭 & 호이안 알찬 일정 5일
- 다낭 & 호이안 & 후에 완전 정복 6일
- 친구나 연인과 가는 여행 5일
- 아이와 가는 다낭 & 호이안 여행 5일
- 부모님과 가는 가족 여행 6일

다낭 & 호이안 알찬 일정 4일

한국에서 오전 비행기로 출발해 마지막 날 오후 비행기로 나오는 꽉 찬 4일 일정으로, 다낭과 호이안의 주요 명소를 둘러본다. 반일 또는 하루 정도 차를 빌려서 다낭 시티 투어를 하면 시간을 절약할 수 있다.

Day 1
다낭 ➡ 호이안

오전 인천 출발 ➡ 다낭 도착

14:00 다낭 국제공항 도착 후 호텔로 이동

오후 호이안 올드 타운 관광

15:00 내원교, 떤기 고가, 관우 사원 등 호이안 명소 돌아보기
호이안 맛집 탐방
투본강에서 유람선를 타거나 소원 배 보내기

★ 이 날은 호이안에 숙소를 잡고, 오후에 호이안 올드 타운을 돌아보는 일정으로 하는 것이 좋다.

Day 2
호이안 ➡ 다낭

오전 다낭 시티 투어

08:30 다낭으로 이동(약 30분)
09:00 참 박물관(30분)
09:30 다낭 대성당(10분)
10:00 한 시장 또는 꼰 시장(1시간)
11:30 빅씨 마트 또는 롯데 마트(1시간)
12:30 점심 식사(동즈엉 또는 마담란)
13:30 린응사(30분)
14:30 오행산(30분)

오행산

오후 호텔과 해변에서 휴양

16:00 호텔에서 쉬고, 마사지 받기

저녁 사랑의 부두 야경

19:00 사랑의 부두에서 야경 보기

★ 더운 날씨에 무리해서 하루 종일 다니기보다는 반일 정도 관광하고 오후에는 호텔에서 쉬는 일정이 좋다.
★ 호텔로 돌아가기 전에 마트나 시장에 들러 장을 보고 가면 편리하다.

사랑의 부두 야경

선 월드 바나힐

Day 3
다낭

일정1 오전 선 월드 바나힐 관광

09:00 **선 월드 바나힐로 출발**
10:00 **선 월드 바나힐 도착 및 케이블카 탑승**
10:30 **선 월드 바나힐 관광(약 2~3시간 소요)**
15:00 **선 월드 바나힐 출발**
16:00 **호텔 도착**

★ 선 월드 바나힐은 낮에는 뜨겁고 사람이 많아, 오전에 일찍 다녀오는 것이 좋다. 다낭-선 월드 바나힐 간 이동은 1시간 정도 걸리고, 케이블카 30분을 포함하면 최소 6시간 정도 소요된다.

일정2 오전 미선 유적지 관광

미선유적지

09:00 **미선 유적지로 출발**
10:30 **미선 유적지 관광(약 2시간 소요)**
13:00 **미선 유적지 출발**
14:00 **호텔 도착**

오후 시푸드와 마사지 즐기기

18:00 **미케 비치(또는 안방 비치)의 시푸드 레스토랑에서 저녁 식사**
20:00 **마사지 받기**

★ 분위기 좋은 시푸드 레스토랑에서 저녁을 먹고 마사지로 하루를 마무리하는 일정이다.

Day 4
다낭 ➡ 인천

다낭 출발 ➡ 인천 도착

호텔에서 조식을 먹고, 공항으로 이동

다낭 & 호이안 알찬 일정 5일

밤 비행기로 다낭에 도착해서 새벽 비행기로 나오는 5일 동안 다낭과 호이안의 명소를 둘러보는 알찬 일정이다. 마지막 날은 호텔에 짐을 맡겨 놓고 다니면 편리하다.

Day 1
다낭

인천(부산) 출발 ➡ 다낭 도착

다낭 국제공항 도착 후 호텔로 이동

★ 다낭에 늦은 밤이나 새벽에 도착하기 때문에 공항이나 시내 근처의 저렴한 숙소로 잡으면 좋다.

Day 2
다낭 ➡ 호이안

오전 다낭 시티 투어

09:00 참 박물관(30분)
09:30 다낭 대성당(10분)
10:00 한 시장 또는 꼰 시장(1시간)
11:30 빅씨 마트 또는 롯데 마트(1시간)
12:30 점심 식사(동즈엉 또는 마담란)

★ 오전에 반나절 정도 택시나 현지 차를 빌려 다낭 시티를 돌아보면 편리하고, 낮의 무더운 더위도 피할 수 있다.

오후 호이안 올드 타운 관광

14:30 호이안으로 이동(약 30분)
15:00 내원교, 떤기 고가, 관우 사원 등 호이안 명소 돌아보기
호이안 맛집 탐방
투본강에서 유람선을 타거나 소원 배 보내기

★ 호이안 올드 타운은 하나둘 등불이 켜지는 저녁 시간에 가면 좋다. 단, 박물관과 사원 등은 보통 5시에 문을 닫으니, 방문 계획이 있다면 마감 시간 전에 방문한 후 올드 타운을 둘러보면 된다.

내원교

호이안

선 월드 바나힐

미선 유적지

마사지

Day 3
다낭

일정1 오전 선 월드 바나힐 관광

09:00 선 월드 바나힐로 출발
10:00 선 월드 바나힐 도착 및 케이블카 탑승
10:30 선 월드 바나힐 관광(약 2~3시간 소요)
15:00 선 월드 바나힐 출발

★ 선 월드 바나힐은 낮에는 뜨겁고 사람이 많아, 오전에 일찍 다녀오는 것이 좋다. 다낭-선 월드 바나힐 간 이동은 1시간 정도 걸리고, 케이블카 30분을 포함하면 최소 6시간 정도 소요된다.

일정2 오전 미선 유적지 관광

09:00 미선 유적지로 출발
10:30 미선 유적지 관광(약 2시간 소요)
13:00 미선 유적지 출발

오후 호텔과 해변에서 휴양

16:00 호텔에서 쉬고, 마사지 받기

★ 더운 날씨에 선 월드 바나힐과 미선 유적지를 보고 나면 체력 소모가 많으니, 오후에는 호텔 수영장이나 해변에서 쉬는 것이 좋다.

Day 4
다낭

오전 아침 식사 및 체크아웃 준비

12:00 호텔 체크아웃

오후 시내 관광과 마사지

12:30 린응사(30분)
13:00 점심 식사
14:30 오행산(30분)
16:00 롯데 마트에서 선물 사기
18:00 미케 비치(또는 안방 비치) 시푸드 레스토랑에서 저녁 식사
19:00 마사지 받기
20:00 공항 도착

린응사

Day 5
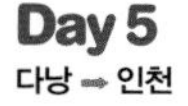
다낭 → 인천

다낭 출발 → 인천(부산) 도착

다낭 & 호이안 & 후에 완전 정복 6일

베트남의 과거와 현재를 모두 보고 느낄 수 있는 다낭과 호이안 그리고 후에를 아우르는 일정이다. 다소 이동 거리가 있고, 걷는 시간도 꽤 있기 때문에 날씨와 본인과 일행의 체력을 고려해서 일정을 짜는 것이 중요하다. 후에 지역을 제대로 보려면 당일보다는 1박 정도 하면서 여유 있게 둘러보는 것이 좋다.

티엔무 사원

Day 1
인천 ➡ 다낭

인천(부산) 출발 ➡ 다낭 도착

다낭 국제공항 도착 후 호텔로 이동

황릉

Day 2
다낭 ➡ 후에

오전 다낭 ➡ 후에 이동

09:00 후에로 출발(약 2시간~2시간 30분 소요)
11:30 후에 도착

오후 황릉과 티엔무 사원 관광

12:00 황릉 관광(민망, 카이딘, 뜨득 중 택 2 / 약 2시간 소요)
15:00 티엔무 사원(30분)
18:00 여행자 거리에서 저녁 식사와 나이트 라이프 즐기기

★ 황릉은 시간과 날씨에 따라 두세 곳 정도만 봐도 된다.

Day 3
후에 ➡ 다낭

오전 후에성과 동바 시장

09:00 후에 시타델 관광(약 2시간 소요)
11:00 동바 시장 관광(1시간)

★ 더운 오후가 되기 전에 후에성을 돌아보고 가까운 동바 시장도 구경한 후 점심 식사를 한다. 메뉴는 분보후에 추천!

오후 후에 ➡ 다낭 이동

13:00 다낭으로 출발(약 2시간)
15:00 다낭에 도착하여 마사지 받기
18:00 미케 비치의 시푸드 레스토랑에서 저녁 식사
20:00 야경 보기(더 탑 또는 사랑의 부두)

동바 시장

한 시장

Day 4
다낭

오전 다낭 시티 투어

09:00 참 박물관(30분)
09:30 다낭 대성당(10분)
10:00 한 시장 또는 꼰 시장(1시간)
12:00 점심 식사(동즈엉 또는 마담란)
13:30 린응사(30분)
14:30 오행산(30분)
15:00 호텔에서 휴식

★ 오전 반나절 정도 택시나 현지 차를 빌려 이동하면 이동 시간을 절약할 수 있고, 이동도 편리하다.

린응사

오후 아시아 파크와 선 휠

17:00 베트남 최대의 테마파크 아시아 파크와 대관람차 즐기기(2시간)

Day 5
다낭 ➡ 호이안

오전 선 월드 바나힐 관광

09:00 선 월드 바나힐로 출발
10:00 선 월드 바나힐 도착 및 케이블카 탑승
10:30 선 월드 바나힐 관광(약 2~3시간 소요)
15:00 선 월드 바나힐 출발

★ 선 월드 바나힐은 낮에는 뜨겁고, 사람이 많아 오전에 일찍 다녀오는 것이 좋다.
★ 이 날은 선 월드 바나힐 가기 전에 체크아웃 후 로비에 짐을 맡기고 다녀온다.

오후 호이안 올드 타운 관광

16:00 호이안 올드 타운 도보로 돌아보기
19:00 마사지 받기(호이안 라 루나 스파, 라 시에스타 스파 등)
22:00 공항 도착

Day 6
다낭 ➡ 인천

다낭 출발 ➡ 인천(부산) 도착

친구나 연인과 가는 여행 5일

친구나 연인끼리 즐겨도 좋은 5일 일정으로, 호이안의 에코 투어와 쿠킹 클래스 등 추억을 남길 수 있는 색다른 체험거리와 미케 비치에서 서핑을 즐기는 활동적인 일정이다. 활동이 많은 만큼 틈나는 대로 마사지를 받는 것도 좋다.

Day 1
인천 ➡ 다낭

인천(부산) 출발 ➡ 다낭 도착

다낭 국제공항 도착 후 호텔로 이동

ⓒJack Tran Tours

Day 2
호이안

오전 안방 비치

10:00 안방 비치에서 휴양(또는 에코 투어)

★ 호텔 셔틀을 이용해서 안방 비치로 이동하면 편리하다.

오후 호이안 쿠킹 클래스

13:00 쿠킹 클래스 참여(또는 전통 등 만들기)

15:00 마사지 받기

17:00 호이안 올드 타운 관광

★ 쿠킹 클래스는 최소 2일 전에는 예약해야 한다.

쿠킹 클래스

Day 3
다낭

오전 선 월드 바나힐 관광

09:00 선 월드 바나힐로 출발

10:00 선 월드 바나힐 도착 및 케이블 카 탑승

10:30 선 월드 바나힐 관광(약 2~3시간 소요)

14:00 선 월드 바나힐 출발

15:00 호텔 도착

★ 선 월드 바나힐은 월~목요일이 사람이 적은 편이다. 오후의 더위를 피해 가급적이면 아침 일찍 다녀오는 것이 좋다.

오후 호텔에서 휴식

16:00 호텔 부대 시설을 이용하고, 휴식 즐기기

Day 4
다낭

오전 미케 비치 서핑

10:00 미케 비치에서 서핑 즐기기

★ 서핑은 뜨거운 오후보다 오전에 하면 좋다. 체크아웃 후 짐은 호텔에 맡겨 두고 다닌다.

오후 다낭 시티 투어

12:00 점심 식사(피자 포 피스, 버거 브로스)
13:00 다낭 대성당, 한 시장, 콩 카페
14:00 마사지 받기(90분)
16:00 빅씨 마트 또는 롯데 마트(1시간 30분)
18:00 미케 비치에서 시푸드로 저녁 식사
20:00 사랑의 부두에서 야경보기
22:00 공항 도착 및 출국 수속

Day 5
다낭 ➡ 인천

다낭 출발 ➡ 인천(부산) 도착

아이와 가는 다낭 & 호이안 여행 5일

아이와 함께 여행을 할 때는 더위에 지치지 않도록 아이의 상태를 고려하는 것이 중요하다. 꼭 가야 하는 곳들을 포함시키되, 무리한 일정이 되지 않도록 해야 한다.

Day 1
인천 ➡ 다낭

인천(부산) 출발 ➡ 다낭 도착

다낭 국제공항 도착 인천(부산) 출발 ➡ 다낭 도착

다낭 국제공항 도착 후 호텔로 이동 후 호텔로 이동

Day 2
다낭

오전 다낭 시티 투어

10:00 다낭 대성당(또는 참 박물관)
10:20 콩 카페와 한 시장(30분)
11:00 롯데 마트(1시간)
12:00 점심 식사(동즈엉 또는 마담란)

★ 아이가 어리고 날씨가 덥다면 참 박물관이나 오행산 정도는 일정에서 빼도 된다.
★ 반나절 정도 택시나 현지 차를 빌려 이동하면 이동 시간을 절약할 수 있고, 이동도 편리하다.

아시아 파크

오후 아시아 파크와 선 휠

13:00 호텔에서 휴식
17:00 아시아 파크와 선 휠(2시간)

Day 3
호이안

오전 호텔에서 물놀이

호텔 내에 있는 키즈 클럽, 키즈 풀 등 아이들을 위한 시설 이용

오후 호이안 올드 타운 관광

16:00 내원교, 떤기 고가, 관우 사원 등 호이안 명소 돌아보기
호이안 맛집에서 식사
아이와 함께 투본강에서 유람선을 타거나 소원 배 보내기 체험

★ 호텔에서 호이안 올드 타운으로의 이동은 호텔에서 운영하는 셔틀을 이용하면 편리하다. 사전 예약은 필수!

선 월드 바나힐 케이블카

Day 4
다낭

오전 선 월드 바나힐 관광

09:00 선 월드 바나힐로 출발
10:00 선 월드 바나힐 도착 및 케이블카 탑승
10:30 선 월드 바나힐 관광(약 2~3시간 소요)
14:00 선 월드 바나힐 출발
15:00 마사지 받기 또는 호텔에서 휴식
22:00 공항 도착 및 출국 수속

★ 호텔 체크아웃은 보통 12시로, 호텔 체크아웃 후 호텔에 짐을 맡기고 다니거나 더운 날씨에 추가 일정이 무리라면 시내쪽의 저렴한 호텔이나 게스트 하우스를 잡아서 쉬는 것도 방법이다. 호텔 레이트 체크아웃도 좋은 방법인데, 추가 요금이 발생할 수 있다.

Day 5
다낭 → 인천

다낭 출발 → 인천(부산) 도착

부모님과 가는 가족 여행 6일

다낭은 다른 지역보다 대가족 여행이 많은 곳이다. 택시보다는 많은 인원이 한번에 움직일 수 있는 차량을 미리 예약해서 이용하고, 날씨나 가족의 상태에 따라서 관광지에 머무는 시간을 조절하자. 5일 일정이라면 다낭과 호이안 정도, 6일 일정이라면 하루는 후에에 다녀오는 것도 가능하다.

Day 1
인천 ➡ 다낭

인천(부산) 출발 ➡ 다낭 도착

다낭 국제공항 도착 후 호텔로 이동

★ 인원이 많다면 택시로 이동하기보다는 미리 여행사나 호텔의 픽업 서비스를 신청하는 것이 편리하다.

Day 2
다낭

오전 다낭 시티 투어

09:00 참 박물관(30분)
09:30 다낭 대성당(10분)
10:00 한 시장 또는 꼰 시장(1시간)
11:30 콩 카페(30분)
12:00 점심 식사(동즈엉 또는 마담란)
13:30 빅씨 마트 또는 롯데 마트(1시간)

콩 카페

오후 아시아 파크와 선 휠

17:00 베트남 최대의 테마파크 아시아 파크와 대관람차 즐기기(2시간)

★인원이 많은 대가족 여행은 반나절 정도 택시나 현지 차를 빌려 이동하는 것이 편리하다.

Day 3
다낭

오전 선 월드 바나힐 관광

09:00 선 월드 바나힐로 출발
10:00 선 월드 바나힐 도착 및 케이블카 탑승
10:30 선 월드 바나힐 관광(약 2~3시간 소요)
15:00 선 월드 바나힐 출발
16:00 호텔 도착

★ 선 월드 바나힐은 낮에는 뜨겁고 사람이 많아 오전에 일찍 다녀오고 차량을 빌려서 다녀오는 것이 더 편리하다.

오후 시푸드와 마사지 즐기기

18:00 미케 비치(또는 안방 비치)의 시푸드 레스토랑에서 저녁 식사
20:00 마사지 받기

람비엔

Day 4
호이안

오전 호텔 또는 미케 비치에서 휴양

★ 오후 저녁에 체력 소모가 많은 일정이니, 오전에는 호텔 수영장이나 해변에서 쉬는 것이 좋다.

오후 호이안 올드 타운 관광

12:30 린응사(30분)
13:00 점심 식사(람비엔 또는 한식당)
15:00 오행산(30분)
16:00 호이안 올드 타운 관광
19:00 마사지 받기(호이안 라 루나 스파, 라 시에스타 스파 등)

Day 5
후에

오전 후에성 & 티엔무 사원 관광

08:00 호텔 체크아웃 후 후에로 출발(약 2시간 ~ 2시간 30분 소요)
10:00 후에 도착
10:30 후에 시타델 관광(약 1시간 소요)
11:30 티엔무 사원(30분)

오후 황릉(카이딘, 뜨득 황릉)

12:30 점심 식사(후에 시내의 꽌한 등)
14:00 황릉 관광(카이딘, 뜨득 / 약 2시간 소요)
16:00 후에에서 다낭으로 이동
22:00 공항 도착 및 출국 수속

★ 하루 차량을 빌려서 아침 일찍 출발해야 후에의 성과 황릉을 다 보고 올 수 있다.

후에성

티엔무 사원

Day 6
다낭 ➡ 인천

다낭 출발 ➡ 인천(부산) 도착

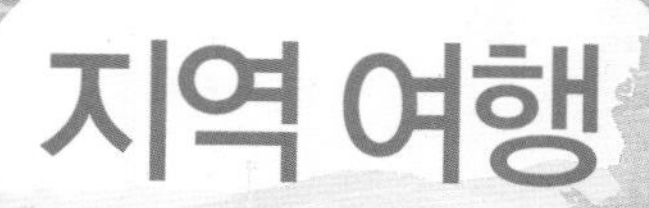

베트남 기본 정보

베트남과 베트남 사람들

다낭 여행 Q & A

현지인이 말하는 다낭 · 호이안 · 후에

- 다낭
- 호이안
- 후에

Information

명칭	베트남 사회주의 공화국(Socialist Republic of Vietnam)
수도	하노이
인구	96,160,163명(2017년 기준)
언어	베트남어
면적	331,210km² (한국의 약 1.5배)
민족	비엣(Viet)족 89%, 그 외 54개 소수 민족
종교	불교 12%, 가톨릭 7%, 그 외 까오다이교 등
행정 구역	5개 중앙 직할시(하노이, 호찌민, 하이퐁, 다낭, 껀터)와 58개의 성
정치	공산당 1당제(임기 5년 단원제)
한국과의 관계	1992년 12월 한국 - 베트남 수교
1인당 GDP	약 $2,300(2017년 기준)
환율	1,000동 ≒ 50원(2019년 1월 기준)
시차	한국보다 2시간 느림(한국 3pm → 베트남 1pm)

위치

인도차이나반도 동쪽에 위치해 있다. 북으로는 중국, 서쪽은 라오스와 캄보디아, 동쪽은 통킹만, 남중국해, 타이만과 접해 있다. 바다와 접한 해안선의 길이는 무려 3,444km에 달한다.

기후

전형적인 열대 몬순 기후로, 북부 하노이 지역을 제외하면 우기(5~10월)와 건기(11~4월)로 나뉜다. 우기는 습도가 높고, 열대성 소나기인 스콜이 자주 내린다. 평균 기온은 26도이며 7~8월에는 28~30도, 12~2월은 약 18~23도이다. 연평균 강수량은 2,505mm로 주로 10~11월에 집중되며, 1~2월은 비가 적게 온다. 중북부 지역은 12~2월까지 기온이 15~20도 내외로 선선해서 관광지를 돌아보기에는 좋은 날씨이나, 수영하기에는 다소 쌀쌀하게 느껴질 수 있다.

화폐

베트남 동(đồng)을 사용하며, VND 또는 ₫로 표기한다. 워낙 인플레이션이 심해 '0'이 많아 사용할 때 '0'의 개수를 잘 확인해야 한다. 보통 베트남 동에서 '0' 하나를 빼고, 2로 나누면 한화 금액이다. 즉, 1만 동 = 한화 500원 정도이다. 지폐는 100동, 200동, 500동, 1천 동, 2천 동, 5천 동, 1만 동, 2만 동, 5만 동, 10만 동, 20만 동, 50만 동이 있으며, 동전은 200동, 500동, 1천 동, 2천 동, 5천 동이 있다. 동전은 거의 사용하지 않으며, 가장 많이 사용하는 지폐는 1천 동, 2천 동, 5천 동, 1만 동, 2만 동, 5만 동, 10만 동, 20만 동이다.

Tip 메뉴판을 보면 숫자 뒤에 'K'가 붙는 경우가 많은데, K=1,000(Kilo)을 의미. 즉, 30K 동 = 3만 동이다.

환전

한국에서 원화를 달러로 환전하고, 다낭 공항이나 시내 환전소에서 달러를 베트남 동으로 환전하는 것이 좋다. 다낭에 도착해 바로 공항 환전소에서 환전하면 편리하고, 현지에서는 호텔, 마트, 시내 금은방 등에서 환전할 수 있다. 환전할 때는 지폐의 종류가 많고, '0'이 많으니 환전 후 그 자리에서 바로 확인하는 것이 좋다. 달러로 환전해서 가져갈 때에는 $50, $100 지폐가 환율이 좋다.

신용 카드 & ATM

대부분의 호텔과 마트에서는 신용 카드(MASTER, VISA, JCB 등)의 사용이 가능하다. 현지에서 신용 카드를 사용할 때에는 원화 결제보다 베트남 동 또는 달러로 결제하는 것이 이익이다. 현금 인출기에서 베트남 동으로의 출금도 가능하다.

팁 문화

베트남은 팁 문화가 일반적인 곳은 아니지만, 호텔에서 벨보이나 방을 치워 주는 룸메이드에게 $1~2 정도의 팁을 건네는 것이 일반적이다.

전압

220V, 50Hz
한국에서 쓰던 전자제품 대부분이 사용 가능하다. 단, 한국의 전자제품은 220V, 60Hz 로 사용 제품의 출력이 떨어질 수 있다.

전화

국가 번호	지역 번호			
베트남 84	하노이 024	다낭 0236	호이안 0235	후에 0234

베트남에서 한국으로 전화를 할 때

00(또는 국제 전화 연결 번호) + 82(한국) + 10(휴대폰, 지역 번호 앞에 '0' 제외) + 1234 5678

한국에서 베트남으로 전화를 할 때

001(또는 국제 전화 연결 번호) + 84(베트남) + 236(지역 번호) + 1234 567

심 카드

현지 심 카드는 두 종류가 있는데, 전화와 인터넷을 사용할 수 있는 것과 인터넷만 사용할 수 있는 것이 있다. 인터넷만 가능한 심 카드의 경우에는 데이터 7Gb 상품과 국제 전화(10분) + 데이터 3Gb 상품이 있으며 가격은 $ 6~7 정도이다. 공항과 시내 심 카드 판매소에서 구입할 수 있고, Card Mobi-Fone, Vina-Fone, Viet-Tel 등이 써 있는 곳에서 구매 및 충전이 가능하다.

비자

베트남은 2010년 9월 15일 이후로 국제공항에서 입국 신고서 작성 대신 여권 제시만으로 입국이 가능하다. 단, 여권 만료일이 최소 6개월 이상 남은 여권과 왕복 티켓을 소지해야 한다. 한국 관광객은 최대 15일간 무비자로 입국이 가능하지만, 베트남은 30일 이내 무비자로 재입국이 불가능하다. 30일 이내의 재입국 시 도착 비자를 신청하거나 베트남 대사관에서 미리 비자를 받아서 가야 한다. 부모가 동반하지 않는 만 14세 미만의 아동의 경우 입국이 까다로울 수 있으니, 베트남 대사관에 확인하는 것이 좋다.

주소 서울시 종로구 북촌로 123(주한 베트남 대사관) **전화** 02 734 7948

세관

입국 신고서와 더불어 세관 신고서의 작성은 의무는 아니다. 하지만 입국 시 미화 5,000달러 이상, 1천 500만 동 이상, 금 300g 이상 소지하고 입국할 경우에는 반드시 세관 신고서에 기재해야 한다. 베트남 입국 시 면세 한도는 1인당 주류 2L(22도 이하), 1.5L(22도 이상)/ 담배 1보루(200개피)까지이다.

치안

베트남은 치안이 안전한 편이지만, 늦은 밤에는 인적이 드문 뒷골목이나 해변, 산길을 다니는 것은 위험할 수 있다. 소매치기나 도난 사건이 자주 발생하는 편은 아니지만, 여권이나 귀중품은 호텔 내 금고에 보관하고, 한꺼번에 많은 돈은 들고 다니지 않는 것이 좋다.

긴급 연락처

주 베트남 대한민국 대사관(하노이)

전화 024 3831 5110~6, 090 402 6126(근무 시간 외)

하노이 한인회

전화 024 3771 8902

병원

다낭 패밀리 병원(다낭) Da Nang Family Hospital

주소 73 Nguyễn Hữu Thọ, Hòa Thuận Tây, Đà Nẵng **전화** 0236 3632 111

호안 미 병원(다낭) Hoan My Da Nang Hospital

주소 161 Nguyễn Văn Linh, Thạc Gián, Đà Nẵng **전화** 0236 3650 676

호이안 병원(호이안) Hoi An Hospital

주소 4 Trần Hưng Đạo, Sơn Phong, Tp. Hội An **전화** 0235 3914 660

퍼시픽 병원(호이안) Pacific Hospital

주소 6 Phan Đình Phùng, Cẩm Phô, tp. Hội An **전화** 0235 3921 656

공휴일

베트남에서 가장 중요한 공휴일은 음력 1월 1일인 새해 뗏(Tet)과 호찌민 해방 기념일 그리고 건국 기념일이다. 뗏의 경우에는 앞뒤로 대체 공휴일로 지정되어 연휴가 약 5일 내외가 되기도 한다. 국경일과 공휴일 기간에는 문을 닫는 곳이 많고, 호텔이나 관광지 요금이 상승하는 기간이기도 하다.

1월 1일 신년
음력 1월 1일 뗏(Tet, 베트남 새해)
음력 3월 10일 훙브엉(Hung Vuoung) 왕 추모일
4월 30일 호찌민 해방 기념일(남북 통일 기념일)
5월 1일 노동절
9월 2일 건국 기념일(독립 기념일)

베트남과 베트남 사람들

아직은 우리에게 생소한 나라인 베트남은 알면 알수록 매력적인 곳이다. 베트남으로 여행을 떠나기 전에 그곳의 문화를 조금이라도 알고 간다면 여행지에서 베트남 현지인들과도 한 걸음 더 가까워질 수 있을 것이다.

오토바이의 나라 & 젊은 국가

베트남은 총 등록 오토바이가 4,350만 대로 인구의 반 정도가 오토바이를 소유하고 있다고 할 정도로, 베트남에서 오토바이는 중요한 교통수단이다. 택시비가 생활 물가보다 상당히 비싼 이유도 있지만, 편하게 이동할 수 있는 오토바이는 베트남 사람들에게 없어서는 안 되는 교통수단이다. 베트남 어디를 가나 오토바이 물결을 보고 놀랄 수 있는데, 길을 건널 때는 가능하면 횡단보도를 이용하고 부득이하게 횡단보도가 없는 도로를 건널 때는 좌우를 잘 살피고 현지인들이 건널 때 같이 건너는 것이 좋다. 오토바이와 더불어 매연으로부터 얼굴을 꽁꽁 감싸는 마스크도 베트남에서만 볼 수 있다.

또한 베트남의 전체 인구 중에서 약 50%가 30대 미만으로 젊은 층이 많은 나라이기도 하다. 그 이유는 1970년대 전쟁 중에 많은 사람들이 죽었고, 그 시대 이후 1980년에 태어난 사람들의 비중이 높기 때문이다. 이런 이유로 베트남은 아시아에서 향후 가장 성장이 주목되는 나라이다.

아오자이(Ao Dai)

아오(áo)는 '옷', 자이(dài)는 '긴'이라는 뜻으로, 아오자이는 긴 원피스를 의미한다. 지금의 아오자이는 18세기 응우옌 왕조 때 완성된 것으로 바지와 윗옷의 단추 등은 중국의 영향을 받은 것이다. 현재 타이트한 스타일의 아오자이는 베트남이 사회주의 국가가 되고, 최근에 변경된 것이다. '아름다운 의상이지만 모든 여성이 입을 수는 없는 옷'이라고 할 정도로 여성의 아름다움을 극대화하는 옷이기도 하다. 베트남 현지인들이 특별한 날과 명절에 주로 입으며 시내에서 아오자이 맞추는 가게를 어렵지 않게 볼 수 있다.

베트남, 이것만은 주의해야!

자존심이 강한 사람들

베트남은 아시아에서 유일하게 중국, 프랑스, 미국 등 강대국으로부터 스스로 독립한 나라이다. 특히 미국과의 전쟁에서 유일하게 승리한 나라이기도 하다. 중국과는 같은 사회주의 체제를 운영하고 있지만, 과거 약 천 년 동안 중국의 지배를 받았기 때문에 감정이 좋은 편은 아니다. 그 때문에 많은 사람 앞에서 상대방을 비난하거나 욕하는 행위는 상대방의 자존심을 건드리는 것으로 문제를 발생시킬 수 있다.

베트남 전쟁에 대해서는 노코멘트!

베트남은 미국과의 전쟁에서 승리한 것에 대하여 대단한 자부심을 가진 나라이다. 그래서 베트남 전쟁에 미국 측으로 참전했던 한국에 대한 이미지나 감정이 좋은 편은 아니다. 베트남 중부 지역에는 아직도 '한국인 증오비'가 있을 정도로 베트남전을 겪은 세대들에게는 좋지 않은 기억일 수 있다. 베트남 여행 중에는 베트남 사람들과 대화 중에 베트남전 참전 경력이나 전쟁에 대한 이야기는 삼가는 것이 좋다.

사진 촬영 제한 구역

대부분의 지역은 사진 촬영이 자유로우나 몇몇의 관광지는 사진 촬영이 불가능한 곳이 있다. 안내 표지판을 참고하고 문제가 발생하지 않도록 주의하자.

호찌민에 대한 비난 금지

호찌민은 프랑스로부터 베트남 독립을 주도하여 베트남을 통일로 이르게 한 베트남의 영웅이다. 베트남 지폐의 인물도 바로 호찌민이고, 남베트남 중심지 시 이름도 호찌민의 이름을 붙일 정도로 호찌민에 대한 베트남 사람들의 존경심은 상상 이상이다.

선교 활동 금지

베트남은 종교의 자유는 있으나, 외국인이 베트남인을 대상으로 하는 노상 포교 활동은 엄격히 금지하고 있다. 적발 시 추방이나 법적 제재를 받을 수 있다.

다낭 여행 Q & A

여행 전문가가 준비한, 다낭 여행 준비 꿀팁!
다낭 여행의 모든 궁금증을 〈인조이 다낭〉이 풀어 드립니다.

Q 환전은 얼마나 하면 되나요?

1인 1일 기준 5만 원 정도로, 4박 6일에 20만 원 정도면 된다. 한국에서 달러로 환전한 후, 다낭 국제공항 환전소에서 일부를 베트남 동VND으로 바꿔서 사용하면 된다. 나머지는 필요할 때마다 시내 환전소에서 환전해 사용하는 것이 좋다. 금은방은 환율이 들쑥날쑥해서 가능한 공식 환전소를 이용하는 것이 좋다. 그리고 호텔 보증용으로 해외 사용이 가능한 신용 카드도 챙겨가야 한다. 베트남 돈을 한화로 쉽게 계산하는 방법은 베트남 동에서 끝의 숫자 '0'을 하나 빼고 2로 나누면 된다.

Q 팁을 꼭 줘야 하나요? 팁을 준다면 얼마나 줘야 하나요?

베트남은 팁 문화가 의무는 아니지만 만족스러운 서비스를 받았다면 $1~2 정도 또는 베트남 돈으로 2만~3만 동 정도 주면 된다. 물론 불친절하거나 잔돈이 없으면 건네지 않아도 무방하다.

Q 우리나라에서 쓰는 전자제품(드라이기, 노트북, MP3 등)을 사용할 수 있나요?

대부분의 호텔은 100~250V 모두 사용이 가능하다. 만약 코드가 안 맞으면 호텔에 익스체인저(EXCHANGER)를 요청하면 된다.

Q 인터넷 · 유심 · 데이터 로밍은 어떻게 사용하나요?

★ 호텔 내 와이파이 호텔 내 와이파이나 인터넷은 대부분 무료다. 패스워드가 있을 수 있으니, 체크인 시 문의 후 사용하자.
★ 유심 다낭 공항 내에 있는 심 카드 판매소 혹은 환전소 내에서 구입 후 사용이 가능하다.
(7Gb를 사용할 수 있는 심 카드 가격은 약 $6~7 정도)
★ 데이터 로밍 사용하는 통신사에 데이터 로밍 신청 후 사용할 수 있다. 1일 약 1만 원 정도이다.
★ 포켓 와이파이 출발 전 포켓 와이파이 업체에 예약 후 공항에서 수령하면 된다. 1일 약 6~7천 원 정도이다.

Q 바우처와 이티켓은 무엇인가요?

바우처는 호텔 및 투어 입금 확인증으로, 호텔 체크인 또는 투어 시에 제출하면 된다. 이티켓은 항공 예약 사항이 나와 있는 것으로, 인천 공항(김해 공항)과 다낭 공항의 해당 항공사 데스크에서 여권과 함께 제시하고 탑승권(보딩 패스)을 받는다.

Q 다낭 입국 시, 담배와 주류의 제한 사항!

1인당 22도 이하 주류 2L, 22도 이상의 주류 1.5L, 담배는 1보루(200개피)까지다. 초과하여 반입할 경우 압수와 더불어 벌금을 지불해야 한다.

Q 현지에서 한국으로 전화는 어떻게 하나요?

한국으로 전화할 때(휴대폰 번호와 지역 번호의 '0'은 빼고 누른다)

★ 로밍 휴대폰으로 전화하는 방법

다낭에 도착해서 휴대폰의 전원을 켜면 바로 사용할 수 있다.
로밍 휴대폰으로 다낭에서 한국으로 전화할 때, 한국 발신 누르고 전화번호 입력.

예) 한국의 010-1111-3959로 전화할 때 → 한국 발신 + 010-1111-3959

★ 현지 휴대폰(심 카드)으로 전화하는 방법

현지 휴대폰으로 다낭에서 한국으로 전화할 때, 00 + (0을 제외한) 전화번호 입력.

예) 한국의 010-1111-3959로 전화할 때 → 00 + 82-10-1111-3959

Q 한국으로 돌아올 때, 면세 한도는 어떻게 되나요?

1인당 휴대품 면세 범위는 주류 1병(1L, 400불 이하), 향수 60mL, 담배 200개비와 면세점을 포함한 해외에서 취득한 600불 이하의 물품까지이다. 이를 초과하는 금액의 물품은 입국 시 신고해야 한다. 미신고 시 적발되면 가산세와 물품을 압류당할 수 있다.

Q 마일리지 적립은 어떻게 하나요?

반드시 여행 항공편 탑승 전에 해당 항공사 마일리지 회원에 가입해야 하며, 공항에서 회원증 및 회원 번호를 알려 주면 마일리지가 자동 적립된다. 미처 적립하지 못한 마일리지는 탑승권과 전자 항공권을 잘 보관한 후 여행에서 돌아와서 해당 항공사에 마일리지 적립을 요청하면 된다. 탑승권을 분실하면 마일리지가 적립이 안 되니, 탑승권은 반드시 보관해야 한다.

Q 기내에 화장품을 가지고 탈 수 있나요?

항공기 안전법에 의하여 기내에는 개당 100mL 이하, 총합 1L 이하의 액체류만 반입 가능하다. 면세점에서 구입한 제품은 안전 비닐에 포장해 주니 상관없다.

Q 체크인 시, 신용 카드를 달라고 하네요?

호텔 체크인 시 객실 비품 파손 및 분실에 대비한 보증의 개념으로 신용 카드를 요청한다. 실제 결제하는 것은 아니니 비자 또는 마스터 카드 하나 정도 준비해 가야 한다.

Q 현지 응급 상황 시 연락처

주 베트남 대한민국 대사관 090-402-6126(휴대폰) / 090-320-6566 이메일 embkrvn@mofa.go.kr

Q 베트남 출국 전 필수 체크 사항!

여권 만료일이 최소 6개월 이상 남아 있어야 하고, 무비자로 최대 15일까지 체류할 수 있으며 무비자로 30일 이내에 재입국이 불가능하다.

현지인이 말하는
'다낭 · 호이안 · 후에'

미스 쩌우(Ms. Chau)에게 듣는 다낭 이야기

생생 인터뷰

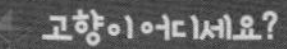

고향이 어디세요?

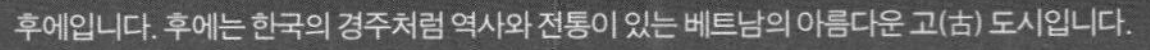

후에입니다. 후에는 한국의 경주처럼 역사와 전통이 있는 베트남의 아름다운 고(古) 도시입니다.

본인 소개 부탁드립니다.

호찌민대학에서 한국어과를 졸업하고, 한국의 대학교에서 석사를 마쳤습니다. 현재는 한국 L그룹 다낭 지사 총괄 매니저로 일하고 있습니다.

한국 사람들에게 다낭, 호이안, 후에를 간단하게 소개해 주세요.

다낭은 베트남 중부 지방 중 가장 발전한 도시인데도 호찌민이나 하노이처럼 복잡하지 않고 살기에 좋은 해변 도시입니다. 화려한 리조트에서 럭셔리한 연휴를 보내거나, 저렴한 호텔에 묵으면서 현지인처럼 다낭의 문화를 체험하는 것도 잊을 수 없는 여행이 될 것입니다.
호이안은 수십 번 가봤는데도 또 가보고 싶은 낭만적인 도시입니다. 야경으로 유명하지만 이른 아침에 호이안의 조용함을 느끼는 것도 좋습니다. 따뜻한 햇살 아래 노란색 벽 옆에서 커피 한잔을 마시면서 또 다른 호이안의 모습을 볼 수 있습니다.
후에는 역사를 좋아하는 사람들에게는 천국이라고 말할 수 있습니다. 왕궁과 왕릉 및 궁전의 음식을 통해서 베트남의 역사를 온몸으로 느낄 수 있습니다. 2년마다 후에 페스티벌Hue Festival이 열리는데, 이때가 모든 문화를 한 번에 체험할 수 있는 기회라고 생각합니다.

현지인이 추천하는 음식은 무엇이 있을까요?

다낭에서는 베트남 중부 꽝남 지방에서 먹는 미꽝Mì Quảng 국수를 꼭 먹어 봐야 합니다. 고기가 올라간 미꽝은 다낭에서 먹는 별미입니다. 후에는 3대 음식인 분보후에, 반코아이, 넴루이로 유명한데, 이 음식들은 다른 지역의 현지 사람들도 먹으러 올 만큼 유명합니다. 제대로 된 맛은 후에서만 느낄 수 있기 때문에, 후에에 가면 꼭 먹어보길 권합니다. 호이안에서는 까오러우, 화이트로즈가 유명합니다.

다낭, 호이안, 후에에서 꼭 가봐야 하는 곳은 어디일까요?

저는 다낭의 하이반 고개나 손짜산의 꼭대기에서 다낭을 한눈에 내려다보는 전망을 좋아합니다. 후에로 넘어가는 길에 하이반 고개에서 다낭을 꼭 내려다보셨으면 합니다. 그리고 아직은 덜 알려졌지만 호이안의 안방 비치는 한가하고 바다가 예뻐서 저를 비롯한 이곳 현지인들에게도 인기 있는 장소입니다. 안방 비치에서 바다를 바라보고, 까페 쓰어다를 마시면 좋습니다.
후에가 고향인 저에게 후에의 흐엉강은 가장 좋아하는 곳인데, 해 질 녘 티엔무 사원 앞에서 바라보는 흐엉강과 노을은 정말 멋집니다. 다낭과 호이안 그리고 후에는 베트남 사람들에게도 가슴 울리는 감동이 있는 곳입니다. 맛과 멋이 있는 이곳에서 즐거운 여행하시길 바랍니다.

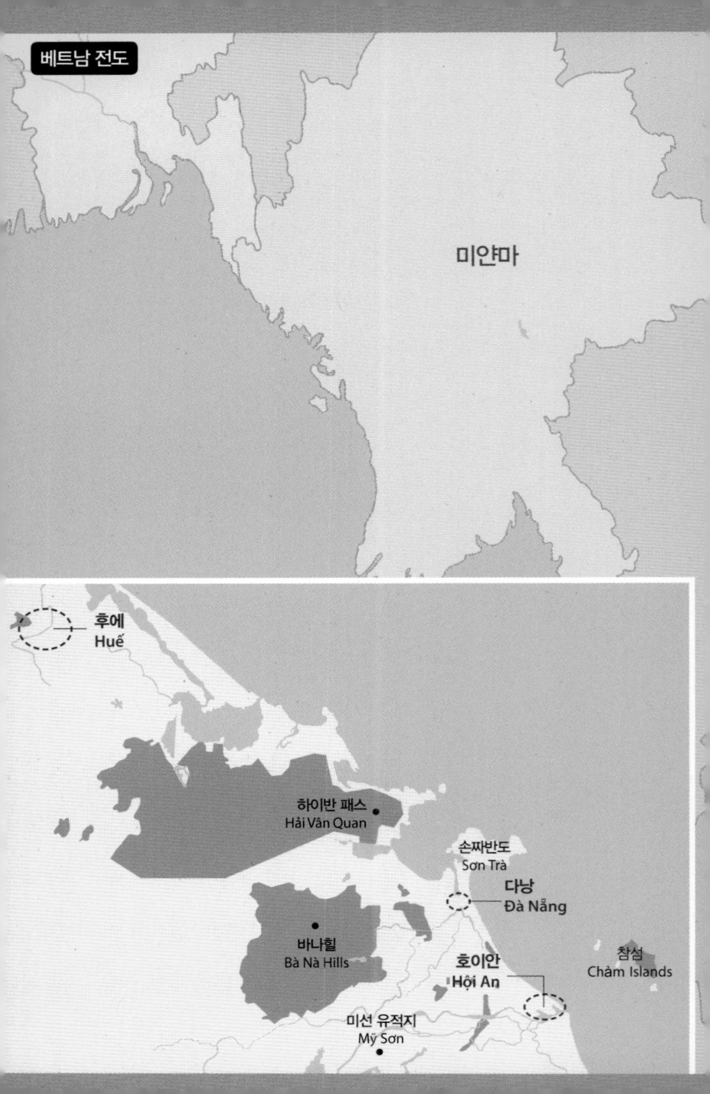
베트남 전도
미얀마
후에
Huế
하이반 패스
Hải Vân Quan
손짜반도
Sơn Trà
다낭
Đà Nẵng
바나힐
Bà Nà Hills
호이안
Hội An
참섬
Chàm Islands
미선 유적지
Mỹ Sơn

중국
라오까이
Lào Cai
하노이
Hà Nội
하이퐁
Hải Phòng
라오스
빈
Vinh
후에
Huế
다낭
Đà Nẵng
호이안
Hội An
태국
꾸이년
Qui Nhơn
캄보디아
달랏
Đà Lạt
나짱
Nha Trang
호찌민
Hồ Chí Minh
붕따우
Vũng Tàu
껀터
Cần Thơ

휴양과 관광을 한 번에 즐길 수 있는 완벽한 여행지

끝없이 펼쳐진 30km에 달하는 미케 비치에는 세계적인 리조트들이 여행객들을 반기고, 한강을 따라 형성된 도시 중심에서는 베트남의 일상을 체험할 수 있다. 다낭 시내의 골목골목마다 줄지어 자리한 맛집에서 베트남 음식을 경험하고, 린응사와 오행산 그리고 다낭 대성당과 한 시장을 둘러보면 하루가 짧다. 그리고 바나힐 정상으로 향하는 케이블카의 짜릿한 경험은 잊지 못할 추억이 될 것이다. 비치에서 휴양뿐 아니라 다른 체험도 즐기고 싶다면 서핑에 도전해 보자. 다낭은 휴양과 관광을 한 번에 즐길 수 있는 완벽한 여행지다.

다낭에서 놓치지 말아야 할 것!

1. 미케 비치에서 즐기는 서핑
2. 다낭 로컬 푸드 미꽝 Mì Quảng
3. 다낭의 3대 명소, 다낭 대성당 - 오행산 - 린응사

Da Nang Information

다낭 지역 정보

개요

다낭은 베트남 중남부 지역 최대의 항구 도시이자 상업 도시이다. 하노이, 호찌민, 하이퐁, 껀터와 더불어 5개 직할시 중 하나로 규모로는 호찌민, 하노이, 하이퐁 다음으로 큰 도시이다. 다낭은 '큰 강의 입구'라는 뜻의 참어Cham語인 '다낙Da Nak'에서 유래되었으며, 프랑스 점령 시기에는 '투란Tourane'으로 불리기도 하였다. 베트남 전쟁 당시 미군이 상륙한 항구로, 한국에서는 청룡 부대가 주둔했던 곳으로 잘 알려져 있다.

위치

베트남은 위아래로 긴 알파벳 'J자' 형태로, 다낭은 그 중간 지점에 위치한다. 북부 하노이에서 764km, 남부 호찌민에서는 964km 정도 떨어져 있다. 특히 다낭은 북부 하노이에서 시작하여 호찌민까지 연결되는 기차의 중간 지점에 있어 교통의 요지이기도 하다. 다낭의 북서쪽은 바나힐 등의 높은 산과 계곡으로 둘러싸여 있고, 북동쪽의 손짜반도, 동쪽은 약 30km에 달하는 미케 비치와 접해 있다. 호이안과는 약 30km, 후에와는 약 95km 정도 떨어져 있다.

면적

다낭의 면적은 1,283.42km²로 서울 면적의 약 2배 정도로 넓은 편이나, 시내 면적은 241.51km² 밖에 되지 않는다. 나머지는 산과 들이 있는 교외 지역이다.

인구

다낭의 인구는 2017년 기준으로, 약 100만 명이다.

다낭의 교통

❶ 국제선

한국(인천, 부산, 대구) – 다낭 노선은 베트남항공, 대한항공, 아시아나, 제주항공, 이스타항공 등이 하루 8편 이상의 직항 노선을 운항 중이다. 인천 – 다낭은 약 4시간 30분 정도, 부산 – 다낭은 약 4시간 정도 소요된다. 호찌민과 하노이로 입국해 다낭으로 향하는 국내선 이용도 가능하다.

❷ 국내선

호찌민 – 다낭, 하노이 – 다낭은 비엣젯항공, 베트남항공, 젯스타항공 등이 하루 10편 이상 운항 중이다. 약 1시간 15분 정도 소요되며, 운항 시간에 따라 요금의 차이가 큰 편인데 편도는 약 $50이다. 항공 티켓은 각 항공사 홈페이지와 현지 여행사에서 구입할 수 있다.

항공사 홈페이지

베트남항공 www.vietnamairlines.com **비엣젯항공** www.vietjetair.com **젯스타항공** www.jetstar.com

다낭 국제공항 Da Nang International Airport(DAD)

주소 Phường Hòa Thuận Tây, Quận Hải Châu, Thành phố Đà Nẵng **전화** 0236 3823 397, 090 5920 019(Hotline) **홈페이지** www.danangairport.vn

하노이와 호찌민에서 다낭까지 기차로 이동할 수 있다. 베트남 기차는 딱딱한 나무 의자인 '하드 싯 Hard Seat'과 푹신한 의자인 '소프트 싯 Soft Seat' 그리고 '6인실 침대칸 Hard Berth', '4인실 침대칸 Soft Berth'으로 나뉜다. 다낭 – 하노이간 소프트 싯(편도) 요금은 약 46만 동 정도로 저렴한 편이지만, 16시간 정도 소요된다. 예약 및 티켓 구입은 철도 예약 사이트에서 할 수 있다.

베트남 기차 예약 사이트

www.vietnam-railway.com
www.dsvn.vn

다낭 출발 기차 요금 및 시간(SE 등급 기차 기준)

목적지	거리	소요 시간	소프드 싯	소프트 베드
하노이	791km	16시간	46만 3천 동	59만 동
호찌민	935km	17시간 15분	47만 2천 동	74만 4만 동
후에	105km	2시간 30분	6만 1천 동	9만 1천 동

다낭 기차역 Da Nang Train Station, Ga Đà Nẵng

주소 791 Hải Phòng, Tam Thuận, Thanh Khê, Đà Nẵng **전화** 0236 375 2333

다낭에서 출발하여 베트남의 다른 지역으로 이동하는 장거리 버스가 있는데, 1-2층으로 누워서 갈 수 있는 슬리핑 버스다. 예약은 신 투어리스트 홈페이지에서 가능하다.

신 투어리스트 The Sin Tourist

주소 163 Tháng 2, Thuận Phước, Đà Nẵng **전화** 0236 384 3259 **홈페이지** www.thesintourist.vn

공항에서 호텔로 이동하거나, 다낭 시내에서 이동할 때 가장 쉽고 편하게 이용할 수 있는 교통수단이다. 비나선Vinasun, 마이린Mailinh, 티엔사Tien Sa 등의 택시 회사가 있으며, 소형, 중형, SUV 등 차종과 회사에 따라서 기본요금이 다르게 책정되어 있다. 첫 1km까지는 5천 8백 동~7천 동, 2km~30km까지는 1만 5천~1만 7천 동 선이며, 30km 이상을 이동할 때는 가격을 흥정하는 것이 더 저렴하다. 롯데 마트, 빅씨 마트 등의 쇼핑몰과 호텔 주변에 택시 회사 직원들이 자리하고 있어, 요청하면 쉽고 편리하게 이용할 수 있다. 단, 공항으로 들어가고 나올 때 발생하는 톨게이트 비용(약 1만 5천 동)은 탑승객 부담이다.

지역 간 예상 택시비

다낭 공항 - 푸라마 리조트 약 13만 동
다낭 공항 - 하얏트 리젠시 다낭 리조트 & 스파 약 15만 동
다낭 공항 - 나만 리트리트 리조트 약 25만 동
다낭 공항 - 호이안 약 35만 동~40만 동
다낭 공항 - 선 월드 바나힐 약 40만 동~45만 동

현지의 한국인이 운영하는 여행사에서 기사를 포함하여 차량을 대여할 수도 있다. 공항과 호텔 간 이동, 반일 또는 전일 등으로 빌릴 수 있다. 보통 반일 정도 차량을 렌트하면 호텔 간 이동, 다낭 시내 관광, 선 월드 바나힐이나 미선 유적지 이동 시에 유용하다. 7인승부터 35인승까지 있고, 요청하면 카시트 등도 함께 빌릴 수 있다. 무엇보다 한국인 담당자가 있어 예약과 의사소통이 편리하다.

몽키 트래블

전화 0236 3817 576, 070 8614 8138(한국) **홈페이지** vn.monkeytravel.com

롯데 렌트카 다낭 지점

전화 0236 391 8000, 070 7017 7300(한국) **홈페이지** cafe.naver.com/rentacardanang

다낭 보물창고

전화 012 6840 4389, 070 4806 8825(한국) **카카오톡** kanggunmo84
홈페이지 cafe.naver.com/grownman

대부분의 호텔은 호텔 차량으로 공항과 호텔 간 픽업 서비스를 제공한다(유료). 택시보다 약간 비싸지만, 예약된 시간에 공항으로 직접 마중 나오고 호텔로 바로 이동해서 편리하다. 호텔 예약 시, 호텔로 직접 메일을 보내서 예약하고 이용하면 된다. 다낭 공항 - 미케 비치 호텔 이용 시 편도 약 $40 정도다.

기타 교통수단

쎄옴 Xe Om

쎄 Xe는 '교통수단', 옴 Om은 '껴안다'라는 의미로, 쎄옴 Xe Om은 '오토바이 택시'를 말한다. 쎄옴은 보통 오토바이가 없는 현지인이나 출퇴근할 때 많이 이용하는데, 택시에 비해 요금이 저렴하여 현지인에게는 더 친숙한 교통수단이다. 단, 오토바이가 익숙하지 않은 여행객에게는 위험할 수 있고, 대부분의 기사는 영어를 못하기 때문에 의사소통에 어려움이 있다.

그랩 Grab Taxi

우버와 비슷한 시스템이다. 앱으로 택시를 부르면 요청한 장소에서 탑승할 수 있고, 목적지까지의 소요 시간과 요금도 미리 확인할 수 있다. 택시보다 요금이 저렴하지만, 출퇴근 시간이나 사람들이 많이 이용하는 시간에는 요금이 올라갈 수 있다. 또한 밤 늦은 시간이나 외진 곳에서 혼자 이용하는 것은 피하는 것이 좋다. 최근에는 그랩 쎄옴의 운행도 시작했다.

홈페이지 www.grab.com/vn/en

Tip 코코베이 투어 버스 Cocobay Tour Bus

다낭을 한 번에 돌아보는 2층 투어 버스이다. 논느억에 위치한 코코베이 리조트 콤플렉스에서 운영하는 버스로, 비치 루트와 시티 루트가 있다. 1층은 실내 좌석, 2층은 오픈형 좌석으로 되어 있어 시원한 바람을 맞으며 편하게 앉아서 다낭의 명소를 돌아볼 수 있다. 참 박물관, 용교, 린응사, 오행산 등의 다낭 시내 명소와 롯데 마트, 한 시장, 다낭 국제공항까지 운행한다. 혼자 여행하면서 택시 이용이 불안할 때나 저녁 시간에 다낭 시내 야경을 보기 좋다. 티켓은 24시간 동안 무제한으로 투어 버스를 타고 내릴 수 있다.

주소 Trường Sa, Ngũ Hành Sơn, Hòa Hải, Đà Nẵng 전화 0236 3954 666 시간 **N1 루트** 08:00~19:00(45분 간격) **N2 루트** 08:50~17:05(45분 간격) **N3 루트** 10:15 ~19:05(2시간 간격) 요금 1 Day Pass 17만 동(성인, 아동 동일) 홈페이지 cococitytour.vn

N1 루트(코코 베이 해변 투어)	N2 루트(다낭 시티 투어)
다낭 국제공항 → 밀리터리 박물관 → 응우옌 반또이 다리 → 참 박물관 → 용교(비치 뷰) → 사랑의 부두(반대편) → 한강교 & 빈컴 플라자 → Vian 호텔 → East Sea Park(반대편) → 미케 비치 → 미안 비치 → 사오비엔 비치 → 풀만 리조트 → Nuoc Man Heliport → 크라운카지노 → 썬투이 해변 → 오행산 입구 → BRG 골프 클럽 → 코코베이 다낭 엔터테인먼트 → 오션 빌라 → 오행산 → 롯데 마트 → 아시아 파크 → 밀리터리 박물관(반대편)	다낭 국제공항 → 밀리터리 박물관 → 쩐띠리 다리 → 미안 비치 → 미케 비치 → East Sea Park → Tho Quang Fishing Village → 린응사 → 시푸드 거리 → 코코 시티 센터 → 한강 → 사랑의 부두 → 용교(시티 뷰) → 한 시장 → 다낭 박물관 & Dien Hai Citadel → 르 두안 쇼핑 스트리트 → 29/3 City Park

N3 루트(호이 투어)
코코베이 → 비나 하우스 → 뉴 호이안 시티 → 나핫 호이안 → 포 시즌스 리조트 → 코코베이

* 투어 버스로 공항까지의 이동은 가능하지만, 캐리어를 싣고 탑승할 수는 없다.

다낭 전체
하이반 패스
Đèo Hải Vân
후에, 랑코 방향
Da Nang City Cemetery
선 월드 바나힐
Sun World Bà Nà Hills
1km

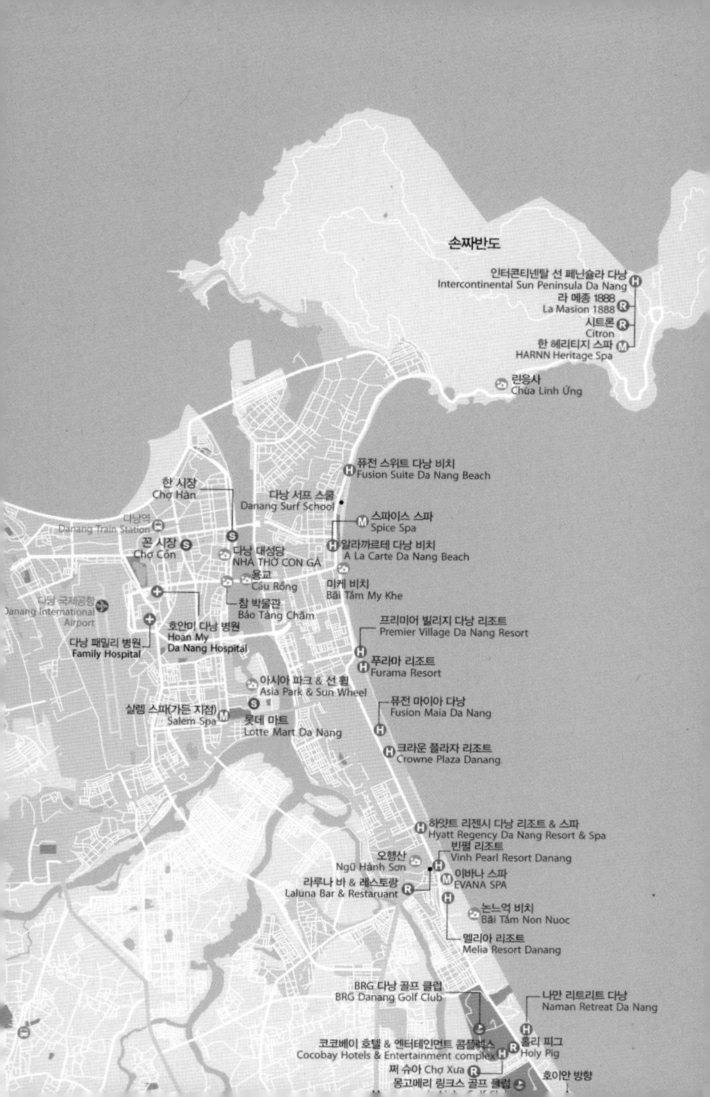

손짜반도

인터콘티넨탈 선 페닌슐라 다낭
Intercontinental Sun Peninsula Da Nang

라 메종 1888
La Masion 1888

시트론
Citron

한 헤리티지 스파
HARNN Heritage Spa

린응사
Chùa Linh Ứng

퓨전 스위트 다낭 비치
Fusion Suite Da Nang Beach

한 시장
Chợ Hàn

다낭 서프 스쿨
Danang Surf School

다낭역
Danang Train Station

스파이스 스파
Spice Spa

꼰 시장
Chợ Cồn

다낭 대성당
NHÀ THỜ CON GÀ

알라까르테 다낭 비치
A La Carte Da Nang Beach

용교
Cầu Rồng

미케 비치
Bãi Tắm My Khe

다낭 국제공항
Danang International Airport

참 박물관
Bảo Tàng Chăm

프리미어 빌리지 다낭 리조트
Premier Village Da Nang Resort

호안미 다낭 병원
Hoan My Da Nang Hospital

다낭 패밀리 병원
Family Hospital

푸라마 리조트
Furama Resort

아시아 파크 & 선 휠
Asia Park & Sun Wheel

퓨전 마이아 다낭
Fusion Maia Da Nang

살렘 스파(가든 지점)
Salem Spa

롯데 마트
Lotte Mart Da Nang

크라운 플라자 리조트
Crowne Plaza Danang

하얏트 리젠시 다낭 리조트 & 스파
Hyatt Regency Da Nang Resort & Spa

빈펄 리조트
Vinh Pearl Resort Danang

오행산
Ngũ Hành Sơn

이바나 스파
EVANA SPA

라루나 바 & 레스토랑
Laluna Bar & Restaurant

논느억 비치
Bãi Tắm Non Nuoc

멜리아 리조트
Melia Resort Danang

BRG 다낭 골프 클럽
BRG Danang Golf Club

나만 리트리트 다낭
Naman Retreat Da Nang

코코베이 호텔 & 엔터테인먼트 콤플렉스
Cocobay Hotels & Entertainment complex

홀리 피그
Holy Pig

쩌 슈아 Chợ Xưa

몽고메리 링크스 골프 클럽

호이안 방향

다낭 시내 & 미케 비치
그랜드브리오 시티 다낭
Grandvrio City Da Nang
마담란 레스토랑
Nhà Hàng Madame Lân
다낭 아지트
Da Nang Azit
버거 브로스 NTS
Burger Bros NTS
동즈엉 레스토랑
Nhà Hàng Đông Dương
퍼 홍
Quán Phở Hồng
노보텔 한 리버 호텔
Novotel Premier Han River Hotel
스카이 36
Sky 36
한강
미꽝 1A
Mì Quảng 1A
하이랜드 커피
Highlands Coffee
한강교
Cầu Sông Hàn
빈컴 플라자
Vincom Plaza Da Nang
노아 스파
Noah SPA
K 마트
K-Market
인도차이나 리버사이드 타워
Indochina Riverside Towers
콩 카페(1호점)
Cong Caphe
랑데뷰 바이 참 스파 & 마사지(한 시장)
Rendéz-Vous By Charm Spa & Massage
하이랜드 커피
Highlands Coffee
꼰 시장
Chợ Cồn
K 마트
K-Mart
콩 카페(2호점)
Cong Caphe
한 시장
Chợ Hàn
다낭 비지터 센터
Da Nang Visitor Center
사노우바 다낭 호텔
Sanouva Da Nang Hotel
빅씨 마트
Big C
팍슨 플라자
Parkson Plaza
다낭 대성당
Nhà Thờ Con Gà
워터프론트 바 & 다이닝
Waterfront Bar & Dining
센스 스파
Sense Spa
피자 포 피스
Pizza 4P's
페바 초콜릿
Pheva Chocolate
사랑의 부두
Cầu Tàu Tình Yêu
용교
Cầu Rồng
반다 호텔
Vanda Hotel
참 박물관
Bảo Tàng Chăm
고구려
Goguryeo
랑데뷰 바이 참 스파 & 마사지(미케 비치)
Rendéz-Vous By Charm Spa & Massage
퓨전 스위트 다낭 비치
Fusion Suite Da Nang Beach
다낭 서프 스쿨
Danang SurfSchool
바빌론 스테이크 가든(2호점)
Babylon Steak Garden
스파이스 스파
Spice Spa
더 탑
The Top
알라까르테 다낭 비치
A La Carte Da Nang Beach
박가네
4U 시푸드
4U Beach Restaurant
블루 웨일
Blue Whale
미케 비치
Bãi Tắm Mỹ Khê
박당 로드
Bạch Đằng
Trần Phú
Trần Hưng Đạo
Võ Nguyên Giáp
Trần Quang Khải
Phạm Văn Đồng
Ngô Quyền
Nguyễn Chí Thanh
Lê Lợi
Nguyễn Thị Minh Khai
Lê Duẩn
Hùng Vương
Phan Châu Trinh
Ông Ích Khiêm
Nguyễn Hoàng
Võ Văn Kiệt
Lâm Hoành
Hà Bổng
Hồ Nghinh
Dương Đình Nghệ
Lý Thánh Tông
Phạm Cự Lượng
Nguyễn Công Trứ
Đường số 2
Đường số 5
Đường Số 1
Thế Lữ
Nguyễn Chí Diểu
Nguyễn Trung Trực
Hoàng Diệu
Triệu Nữ Vương
Quang Trun
Hải Phòng
Lý Tự Trọng
Lương Ngọc Quyến
Trần Quý Cáp
Lý Thường Kiệt
Nguyễn Du
Thái Phiên
Lê Hồng Phong
Hoàng Văn Thụ
Lê Đình Dương
Nguyễn Văn Linh
Võ Nghĩa
Lê Mạnh Trinh
Hoàng Bích Sơn
Đông Kinh Nghĩa Thục
Morrison
Loseby
Lê Thước
Trần Đức Thông
Nguyễn Đức An
Vương Thừa Vũ
Trần Đình Đàn
Hồ Thấu
Mỹ Khê 1
Mỹ Khê 2
Lương Thế Vinh
Cầu Rồng

Salem Spa
치맥 코리아
홀리데이인 비치리조트
Holiday Beach Resort
K 마트
K-Mart
버거 브로스
Burger Bros
프리미어 빌리지 다낭 리조트
Premier Village Da Nang Resort
포레스트 스파
Forest Spa
바빌론 스테이크 가든 (1호점)
Babylon Steak Garden
람비엔 레스토랑
Nhà Hang Lam Vien
풀만 다낭 비치 리조트
Pullman Danang Beach Resort
푸라마 리조트
Furama Resort
마스터 떡볶이
카페 인도친
Cafe Indochine
500m
Sông Hàn
한강
선 휠
San Wheel
아시아 파크
Asia Park
하이랜드 커피
Highlands Coffee
롯데 마트
Lotte Mart Da Nang
살렘 스파 가든 지점
Salem Spa Garden
박당 로드
Võ Nguyên Giáp
Lã Xuân Oai
Trần Bạch Đằng
Phan Liêm
Phan Tôn
Đỗ Bá
An Thượng 34
Hoàng Kế Viêm
Ngô Thì Sỹ
Phan Tứ
Mỹ Đa Đông 8
Bà Huyện Thanh Quan
Trần Văn Dư
Hồ Xuân Hương
Lê Văn Hiến
Nguyễn Văn Thoại
Phan Thúc Duyện
K72 Nguyễn Văn Thoại
Nguyễn Duy Hiệu
Duy Hiệu
Võ Như Hưng
Hoài Thanh
An Dương Vương
Mỹ An 17
Trần Trọng Khiêm
Nguyễn Quốc
Chương Dương
Phạm Hữu Kính
Dương Khuê
Hàm Tử
Phan Hành Sơn
Cầu Trần Thị Lý
Nguyễn Văn Trỗi
Cầu Nguyễn Văn Trỗi
Trần Hưng Đạo
Quy Mỹ
Bạch Đằng
2 Tháng 9
Núi Thành
Lê Quý Đôn
Tuệ Tĩnh
Tiểu La
Lê Vinh Huy
30 Tháng 4
Phan Đăng Lưu
Tiên Sơn 7
Hồ Biểu Chánh
Phan Huy Ôn
Trần Hữu Trang
Tố Hữu
Lê Thanh Nghị
Lê Thị Hồng Gấm
Hoàng Diệu
Duy Tân
Lê Đình Thám
Trưng Nữ Vương
Ý Lan Nguyên Ph
Hàn Thuyên
Nguyễn Lộ Trạch
Hà Huy Giáp
Huỳnh Tấn Phát
Đăng Lưu
Nguyễn Hữu Dật

다낭 추천 코스

다낭 시내 워킹 코스
(약 6시간 소요)

손짜반도에 위치한 린응사와 논느억 비치의 오행산을 제외하고는 다낭 한강 주변으로 명소와 맛집 그리고 마사지 숍이 모여 있어 도보로도 충분히 돌아볼 수 있다. 한낮은 태양이 뜨거우니, 오전에 이동하는 것이 좋다. 또한 여행사 차량을 반일 정도 빌리면, 이동도 편리하고 시간도 절약할 수 있다.

선 월드 바나힐 코스
(약 12시간 소요)

오전에는 선 월드 바나힐에서, 오후에는 마사지로 피로를 풀고 싱싱한 시푸드 음식을 맛보며 야경이 멋진 바에서 하루를 마감하는 일정이다. 선 월드 바나힐은 한적한 주중 오전에 일찍 다녀오는 것을 추천한다.

관광 Sightseeing

아름다운 미케 비치와 논느억 비치에서의 휴양만이 다낭 여행의 전부는 아니다. 중국의 지배, 프랑스의 식민지 그리고 미국과의 전쟁을 겪었던 베트남 역사의 흔적들이 다낭에 고스란히 남아 있어 관광을 하기도 좋은 여행지이다. 더운 날씨가 때로는 장애가 될 수 있으나, 다낭을 제대로 이해하기 위해서는 역사의 흔적이 고스란히 남아 있는 곳에 꼭 한 번 가 보기를 추천한다.

MAPECODE 39001

미케 비치 My Khe Beach Bãi Tắm My Khe [바이 땀 미케]

1

다낭의 대표 해변

베트남 전쟁 중 미군의 휴양지로 세상에 알려지기 시작한 '미케 비치My Khe Beach'는 미국 경제 전문지 '포브스'에 세계에서 가장 럭셔리한 6개의 해변 중 하나로 선정된 곳이다.

길이가 30km에 달하는 미케 비치는, 폭넓은 해변과 하얗고 고운 모래 그리고 완만한 수심 때문에 오랫동안 베트남 사람에게 사랑받아 왔다. 현재는 해변을 따라서 세계적인 리조트들이 들어서면서 세계인들의 관심이 커지고 있다.

주소 Phước Mỹ, Sơn Trà, Da Nang 위치 남중국해와 연결된 다낭의 동쪽 해변, 다낭 국제공항에서 한강을 지나 차로 약 10분 소요

MAPECODE 39002

논느억 비치 Non Nuoc Beach Bãi Tắm Non Nuoc [바이 땀 논느억]

호이안과 경계를 이루는 해변

미케 비치와 이어진 다낭의 동쪽 해변으로, 미케 비치와 경계나 표시는 없다. 통상적으로 오행산까지를 미케 비치로 보며, 오행산에서 끄어다이 비치 전까지 약 10km 정도를 논느억 비치라고 본다. 논느억 비치는 다른 해변에 비해 파도가 잔잔한 편이다.

위치 미케 비치에서 남쪽으로 약 10km, 멜리아 리조트와 나만 리트리트 리조트 해변 사이

MAPECODE 39003

한강(汗江) Han River Sông Hàn [쏭한]

다낭의 시내를 가로지르는 큰 강

다낭의 한강은 공교롭게도 서울의 한강과 이름이 같다. 남중국해에서 유입되어 다낭의 중심을 관통하는 강으로, 지류는 호이안까지 이어진다. 한강을 중심으로 주변에 시내가 형성되어 있어서 저녁 시간에는 한강 옆에 있는 박당 로드Bạch Đằng 주변의 펍과 레스토랑 등을 찾는 현지인들이 많다. 특히 매주 주말 저녁에는 용교의 불 쇼를 보러 오는 사람들이 많이 모여든다. 한강에는 용교Dragon Bridge, 한강교Han River Bridge 등 총 4개의 다리가 있다.

위치 한 시장에서 박당 로드 방향으로 도보 약 5분 소요

MAPECODE 39004

용교(龍橋) Dragon Bridge Cầu Rồng [꺼우롱]

불 쇼로 유명한 다낭의 랜드마크

다낭 중심을 가로지르는 한강에 건설된 다리로, 2009년 공사를 시작하여 2013년 다낭 해방일(3월 29일)에 맞춰 완공되었다. 총 길이 666m, 폭 38m로 왕복 6차선 도로이며, 약 1,000억 원의 공사 비용이 들어갔다. 용교의 개통으로 다낭 국제공항에서 미케 비치, 논느억 비치까지 이동 거리가 단축되었다. 용교는 매주 주말 저녁 9시에 불 쇼가 열리는데, 조명을 받아 화려한 색으로 변하는 다리는 물론, 용머리에서 불을 뿜어내는 장관까지 볼 수 있다. 불 쇼가 끝나면 용이 물을 뿜어내기 시작하는데, 용머리 근처에 있다가 물벼락을 맞을 수 있으니 주의하자.

주소 Nguyễn Văn Linh, Phước Ninh, Đà Nẵng 시간 불 쇼(주말) 21:00~21:10 위치 한강 중간, 참 박물관 근처

MAPECODE 39005

사랑의 부두 Cầu Tàu Tình Yêu [꺼우 떠우 띤 여우]

로맨틱하게 즐기는 한강

DHC 그룹에서 만든 하트 장식의 '사랑의 부두'와 'DHC 요트 선착장' 그리고 '용 조각상'을 묶어서 통상적으로 사랑의 부두라고 한다. 한강의 강변에서 강 안쪽으로 길게 부두가 있는데, 저녁이면 이름처럼 빨간색 하트 조명이 켜진다. 다리 난간에는 수많은 사랑의 증표로 남겨 둔 자물쇠들이 있다.

강변에 있는 조각상은 멀리서 보면 물고기 모양인데, 자세히 보면 물고기 몸통에 머리는 용으로 되어 있다. 바로 옆의 용교와 연결해서 보면 용이 되어 날아가는 모습으로 절묘하게 맞아 떨어진다.

사랑의 부두는 낮보다 일몰 시간에 잠시 들러 차 한 잔하기 좋은 곳인데, 특히 부두 주변에는 커피숍이 많아 현지인들에게는 인기 데이트 장소이기도 하다. 그리고 용교가 가장 잘 보이는 곳으로, 주말에 용교의 불 쇼를 보기 위해 많은 사람이 모이는 장소이다.

주소 Trần Hưng Đạo, An Hải Tây, Sơn Trà, Đà Nẵng 위치 한강 중간, 용교 근처에 위치한 다낭 리버사이드 호텔 앞

Tip 다낭 비지터 센터 Da Nang Visitor Center

한 시장 옆에 위치한 다낭 비지터 센터는 여행객을 위한 안내 센터이다. 쾌적하고 깔끔한 공간에 다낭 지도와 관광지 안내 책자 등 다양한 자료들이 있으며 무료로 제공한다. 자전거 렌탈(유료), 투어 예약 및 차량 예약 등의 도움도 받을 수 있다. 상주하는 직원이 있어 관광지에 대한 안내도 받을 수 있어 편리하다.

주소 108 Bạch Đằng, Hải Châu 1, Đà Nẵng 전화 0236 3550 111 시간 07:30~21:00 홈페이지 tourism.danang.vn 위치 다낭 시내 한강 근처 / 박당(Bạch Đằng) 로드 중간 한 시장 옆

참 박물관 Museum of Cham Sculpture Bảo tàng Chăm [바오 당 참]

대표적인 참파 문화 박물관

참 박물관은 2~15세기까지 베트남 중부 지역에 거주하던 참족의 유물을 모아둔 곳으로, 프랑스 식민지 시절인 1919년에 프랑스의 고고학자 헨리 파르멘티어와 두 명의 프랑스 건축가가 프랑스인의 집을 개조하여 만들었다. 참파 문화의 중심지인 미선 유적지에서 가져온 약 3백여 점의 조각품을 포함하여, 다낭 지역과 꽝남Quangnam 지역에서 발굴된 약 2천여 점의 유물이 전시되어 있다. 유물은 발굴된 지역에 따라 미선Mỹ Sơn, 짜 끼에우Trà Kiệu, 동즈엉Đông Dương, 빈딘Bình Định으로 나눠 전시되고 있는데, 대부분 사암으로 만들어졌으며 참파 왕국이 가장 번성했던 7~12세기까지의 유물이 많다.

참파 문화는 인도의 힌두교에 불교가 혼합된 것으로, 세계에서 유일한 문화이다. 때문에 참파 왕국의 중심지인 미선 유적지는 유네스코로 지정되어 보존되고 있다. 유물에서는 힌두교의 3대 신 브라흐마, 비슈누, 시바와 불교의 부다 모습이 함께 보이는 독특한 참파 문화만의 특징을 볼 수 있다. 미선 유적지와 함께 연계해서 보면, 참파 문화를 더욱 쉽게 이해할 수 있다. 설명을 들을 수 있는 오디오 투어가 있는데, 베트남어는 물론 영어와 프랑스어로도 서비스된다. 참 박물관은 한강 근처에 있어 다낭 대성당과 용교를 같이 돌아보면 좋다.

주소 2 2 Tháng 9, Hải Châu, Đà Nẵng 전화 0236 357 4801, 0236 3572 935 시간 07:00~17:00 / 가이드 투어(5명 이상, 사전 예약자에 한함) 07:30~11:00, 13:30~16:30 요금 성인 6만 동, 아동(만 18세 미만) 무료 홈페이지 www.chammuseum.vn 위치 다낭 시내, 용교 옆에 위치한 반다 호텔(Vanda Hotel) 옆, 미케 비치에서 차로 약 10분 소요

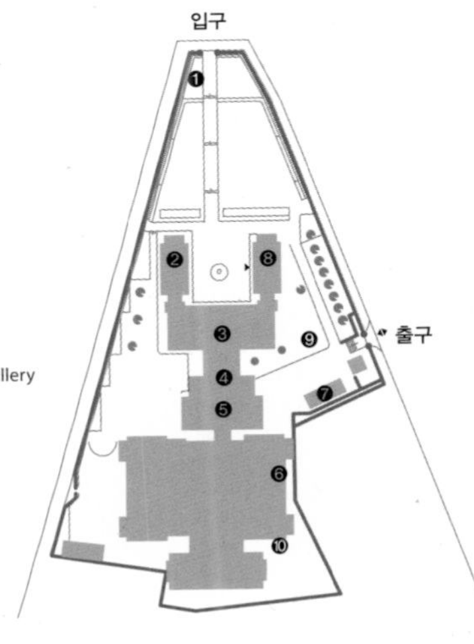

❶ 매표소
❷ 땁맘 전시장 Thapmam Gallery
❸ 짜끼우 전시장 Trà Kiệu Gallery
❹ 미선 전시장 Mỹ Sơn Gallery
❺ 동즈엉 전시장 Đông Dương Gallery
❻ 1층 최근 발굴 유물 전시장
2층 기타 이벤트 전시장
❼ 기념품 숍 Gift Shop
❽ 회의장 Reception Room
❾ 카페테리아 Cafeteria
❿ 사무실

참족과 참파 문화 이해하기

베트남 중부(후에, 다낭, 호이안) 문화를 이해하는 데 있어서 참족과 참파 문화를 알아 두는 것이 좋다. 참족은 2~15세기까지 베트남 중부 지역에 존속했던 참파 왕국의 후예이며, 베트남 역사에 가장 큰 영향을 끼친 민족이다. 참족은 말레이계 민족으로 자연스럽게 인도에서 유입된 힌두교를 믿었으며, 특히 시바를 숭배하는 힌두교는 이후 유입된 불교와 결합하여 베트남 중부에서만 볼 수 있는 독특한 참파 문화를 형성하였다.

참족이 수 세기 동안 살아남을 수 있었던 것은 꽝남 지역의 비옥한 토지의 생산물과 해안을 따라 중개 무역 생활을 통해 얻은 강한 생활력 덕분이었다. 15세기 이후 영입된 이슬람교의 영향으로 쇠퇴하여 현재 참족은 베트남 내 소수 민족으로 남아 있다. 1999년에는 참파 문화의 독창성이 동남아시아에 끼친 영향력을 인정받아 참파 문화의 성지인 '미선 유적지'가 유네스코에 등재되었다.

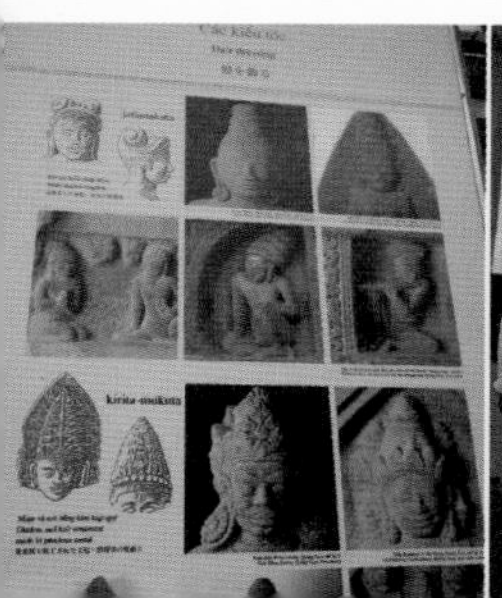

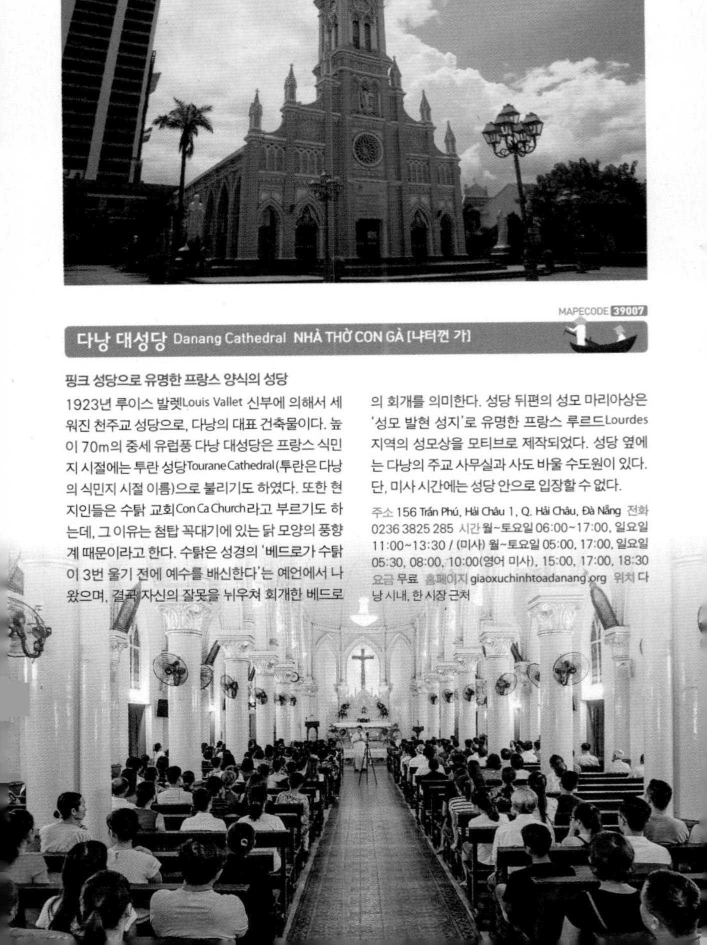

MAPECODE 39007

다낭 대성당 Danang Cathedral NHÀ THỜ CON GÀ [냐터껀 가]

핑크 성당으로 유명한 프랑스 양식의 성당

1923년 루이스 발렛Louis Vallet 신부에 의해서 세워진 천주교 성당으로, 다낭의 대표 건축물이다. 높이 70m의 중세 유럽풍 다낭 대성당은 프랑스 식민지 시절에는 투란 성당Tourane Cathedral(투란은 다낭의 식민지 시절 이름)으로 불리기도 하였다. 또한 현지인들은 수탉 교회Con Ca Church라고 부르기도 하는데, 그 이유는 첨탑 꼭대기에 있는 닭 모양의 풍향계 때문이라고 한다. 수탉은 성경의 '베드로가 수탉이 3번 울기 전에 예수를 배신한다'는 예언에서 나왔으며, 결국 자신의 잘못을 뉘우쳐 회개한 베드로의 회개를 의미한다. 성당 뒤편의 성모 마리아상은 '성모 발현 성지'로 유명한 프랑스 루르드Lourdes 지역의 성모상을 모티브로 제작되었다. 성당 옆에는 다낭의 주교 사무실과 사도 바울 수도원이 있다. 단, 미사 시간에는 성당 안으로 입장할 수 없다.

주소 156 Trần Phú, Hải Châu 1, Q. Hải Châu, Đà Nẵng 전화 0236 3825 285 시간 월~토요일 06:00~17:00, 일요일 11:00~13:30 / (미사) 월~토요일 05:00, 17:00, 일요일 05:30, 08:00, 10:00(영어 미사), 15:00, 17:00, 18:30 요금 무료 홈페이지 giaoxuchinhtoadanang.org 위치 다낭 시내, 한 시장 근처

MAPECODE 39008

아시아 파크 & 선 휠 Asia Park & Sun Wheel

선 휠로 유명한 놀이동산

'아시아'를 테마로 한 베트남 최대의 테마파크로, 축구장의 120배나 되는 큰 규모이며, 계속 확장 중이다. 아시아 파크는 어뮤즈먼트 파크 Amusement Park, 센트럴 존 Central Zone, 컬쳐럴 파크 Culture Park로 나뉘어 있다. 회전목마 Festival Carousel, 롤러코스터 Garuda Valley 등의 탈 것과 야외 놀이터 Treehouse Playland는 어뮤즈먼트 파크에 모여 있고, 컬처 파크는 중국, 캄보디아, 한국 등 각 나라를 대표하는 이미지의 조형물이 조성되어 있다. 선 휠과 모노레일은 센트럴 존에 있는데, 특히 모노레일은 아시아 파크를 한눈에 내려다보면서 공원을 편하게 돌아볼 수 있다. 아시아 파크에서 가장 유명한 것은 115m 높이의 대관람차 선 휠이다. 매일 오후 5시부터 운행하는 선 휠은 세계에서 10번째로 높은 대관람차이기도 하다. 아시아 파크 주변이 평지인 덕분에 선 휠에서 탁 트인 다낭 시내의 전망을 볼 수 있다. 그 외에도 간단한 식사를 할 수 있는 카페테리아와 기념품점이 있다.

주소 1 Phan Đăng Lưu, Hòa Cường Bắc, Hải Châu, Đà Nẵng 전화 0236 3681 666 시간 월~목요일 15:30~22:00, 금~일요일 09:00~22:00 요금 **자유 이용권** (월~목요일) 성인 20만 동, 아동 15만 동, (금~일요일) 성인 30만 동, 아동 20만 동 **입장료** (월~목요일) 성인 · 아동 12만 동, (금~일요일) 성인 · 아동 17만 동 / 아동은 키 1~1.3m 미만 적용, 키 1m 미만은 무료 홈페이지 www.asia-park.vn 위치 다낭 시내 남쪽 한강 옆에 위치, 롯데 마트에서 차로 약 5분 소요

오행산(五行山) Marble Mountain Ngũ Hành Sơn [응우 한 썬]

서유기의 보물

화(火, Hoa Son), 수(水, Thuy Son), 목(木, Moc Son), 금(金, Kim Son), 토(土, Tho Son) 등 5개의 산으로 나눠져 있어 오행산이라고 한다. 산 전체가 대리석으로 이루어져 있어 마블 마운틴Marble Mountain이라고도 하는데, 이중 가장 큰 수산(해발 108m)에는 여러 개의 대리석 자연 동굴이 있다. 이 동굴에는 다낭에서만 볼 수 있는 불교와 힌두교 양식이 결합된 독특한 사원이 있으며, 산의 정상에는 전망대가 있어 다낭과 인근의 남중국해를 한눈에 내려다볼 수 있다. 가장 안쪽에 있는 후엔콩Huyen Khong 동굴은 수산에서 손오공과 삼장법사의 동상이 있는 가장 큰 동굴로 꼭 가봐야 한다. 우리가 잘 아는 서유기의 배경이 바로 이 오행산이다.

주소 81 Huyền Trân Công Chúa, Hòa Hải, Ngũ Hành Sơn, Đà Nẵng 전화 0913 423 176, 0126 650 6715 시간 07:00~17:30 요금 입장료 4만 동, 엘리베이터(편도) 1만 5천 동 홈페이지 www.nguhanhson.org 위치 논느억 비치 맞은편 혹은 빈펄 다낭 리조트 맞은편

MAPECODE 39010

린응사(靈應寺) Linh Ung Pagoda Chùa Linh Ứng [쭈어 린 응]

대형 해수 관음상이 인상적인 사원

손짜반도 입구에 위치한 사원으로, 바다에서 죽은 사람들의 넋을 기리기 위해 만든 사원이다. 67m의 해수 관음상이 다낭 해변을 바라보고 서 있고, 12ha에 달하는 부지는 다낭 최대의 사원이기도 하다. 해수 관음상의 은은한 미소와 탁 트인 전경은, 이곳을 찾아오는 사람들의 마음을 편안하게 해 준다. 해수 관음상은 바다를 바라보고 있는데, 이는 어부들에게 평온한 바다 여정과 태풍을 이겨낼 힘을 주기 위해서다. 관음상 내부는 17층으로 나뉘어 21개의 각기 다른 부처상이 있으며, 사원의 뜰에서 마주 보고 있는 18개의 조각상은 사람의 희노애락을 표현한 것이라고 한다. 오행산과 함께 린응사는 다낭에서 꼭 가봐야 하는 곳이다.

주소 Hoàng Sa, Thọ Quang, Sơn Trà, Thọ Quang, Việt Nam, Đà Nẵng 전화 090 5879 079 시간 09:00~17:00 요금 무료 홈페이지 ladybuddha.org 위치 손짜반도 언덕, 다낭 시내에서 차로 약 20분 소요

선 월드 바나힐 Sun World Bà Nà Hills

다낭 근교에 있는 구름 위의 놀이동산

다낭 시내에서 차로 약 1시간 거리에 위치한 선 월드 바나힐은 해발 1,487m의 높은 산 위에 만들어진 놀이 시설이다. 프랑스 식민지 시절에 더위를 피해 프랑스 군인들이 산꼭대기에 휴양 시설을 만들었는데, 1950년 프랑스 군대가 떠난 후 베트남 정부가 기존의 휴양 시설을 철거하고 지금의 놀이동산을 만들었다. 산 정상에 이르는 케이블카는 약 30분 정도 소요되고, 중간층에서 내려 갈아타고 올라간다. 이곳의 케이블카는 세계에서 두 번째로 긴 케이블카로, 그 길이가 5,801m에 달하며, 총 201개의 캐빈 캡슐은 한 번에 3,000명을 수송할 수 있는 규모다. 선 월드 바나힐의 중간층에는 화원과 와인 셀러 등이 있으며, 최상층에는 프렌치 빌리지, 알파인 코스터 등 탈 것과 실내 놀이 시설이 있다. 입장권에는 밀랍 박물관, 인형 뽑기Cotton Animal Game, 판타지 파크의 과녁 게임Carnival Skill을 제외하고 케이블카, 판타지 파크 무료 게임, 퍼니큘러, 디베이 와인 창고, 르 자뎅 디아모르 화원 입장료가 포함된다. 다낭에서 선 월드 바나힐까지의 왕복 2시간과 케이블카 왕복 그리고 선 월드 바나힐을 이용하는 시간까지 모두 합쳐 약 6~7시간 정도 소요되는 일정으로 잡는 것이 좋다.

주소 Thôn An Sơn, Xã Hoà Ninh, Huyện Hoà Vang, TP. Đà Nẵng 전화 0236 3791 999, 0905 766 777, 0905 753 777 시간 07:00~22:00 요금 성인(키 1.3m 이상) 70만 동, 어린이(1~1.3m) 55만 동 / 1m 이하 어린이 무료 홈페이지 banahills.sunworld.vn 위치 다낭 외곽에 위치, 다낭 시내에서 차로 약 50분 소요

선 월드 바나힐 케이블카

총 3개의 케이블카 라인이 있는데, 올라가는 라인은 호이안 역↔마르세유 역↔보르도 역↔루브르 역으로 올라가는 라인과 수이모 역↔바나 역↔디베이 역↔모린 역으로 연결되는 2개의 라인이 있다. 반면 내려올 때에는 인도친 역에서 한 번에 내려올 수 있으며, 또한 하향 직행 노선은 12:00부터 운행한다.

수이모 역 ↔ 바나 역 Suoi Mo Station ↔ Ba Na Station	디베이 역 ↔ 모린 역 Debay Station ↔ Morin Station	톡티엔 역 ↔ 인도친 역 Toc Tien Station ↔ L'INDOCHINE Station
07:30~07:45, 08:30~08:45, 09:30~09:45, 10:30~10:45, 11:30~11:45	06:50~17:30, 18:00~18:05, 18:55~19:00, 19:55~20:00, 20:55~21:00, 21:30~21:35, 22:15~22:20	12:00~19:15, 20:00~20:15, 21:00~21:15, 22:00~22:15

호이안 역 ↔ 마르세유 역 Hoi An Station ↔ Marseille Station	보르도 역 ↔ 루브르 역 Bordeaux Station ↔ Louver Station
07:00~18:00	07:15~20:00

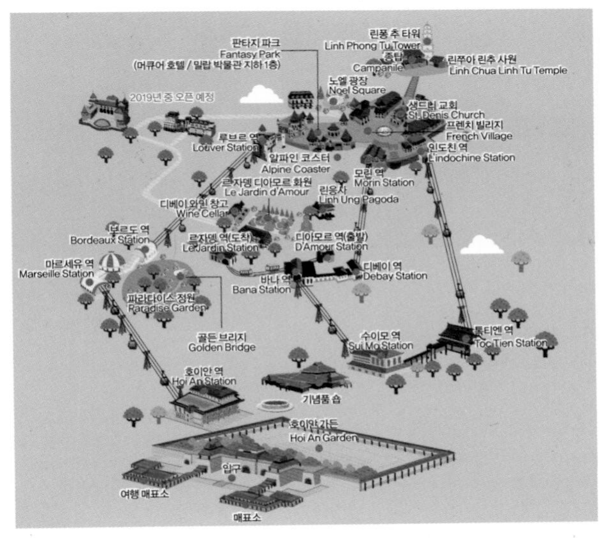

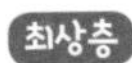

최상층

선 월드 바나힐 최상층에 여러 가지 탈 것과 실내 놀이 시설 등이 있고, 매일 11:00~13:00, 14:00~16:00 사이에 보디 페인팅, 음악대 공연, 댄스 공연 같은 다양한 퍼레이드가 펼쳐진다.

판타지 파크 Fantasy Park

베트남 최대 실내 놀이공원으로, 프랑스의 작가 쥘 베른 Jules Verne의 소설 '해저 2만리', '지구 속으로의 여행'에서 모티브를 딴 테마파크다. 3~5D 영화관, 약 90여 개의 게임기, 29m에서 내려오는 자이로 드롭 등이 있는 실내 놀이 시설이다.

프렌치 빌리지 French Village

옛 프랑스풍의 마을로 광장, 교회, 호텔, 마을 등으로 이뤄져 있다.

밀랍 박물관 Wax Statue Museum

베트남에서 가장 큰 밀랍 인형 박물관으로, 세계 유명인사의 밀납 인형이 전시되어 있다.

알파인 코스터 Alpine Coaster
산 정상에서 즐기는 아찔한 롤러코스터다. 2인승이며, 오전 8시부터 오후 5시까지 운영한다.

린쭈아 린추 사원 Linh Chua Linh Tu Temple
선 월드 바나힐 최상층 정상에 위치한 사원으로, 'Ba Chua Thuong Ngan Temple'이라고 부르기도 한다. 바나산을 지키는 신을 모시는 사원이다.

린퐁추 타워 Linh Phong Tu Tower
린퐁 사원 남쪽 끝에 위치한 9개의 층으로 된 탑으로, 각기 탑의 끝에는 동종이 걸려 있다. 베트남 북부 불교 양식의 탑이다.

종탑 Campanile
선 월드 바나힐 정상에 있는 무게 4t의 동으로 만든 종이다.

머큐어 호텔 Mercure Bana Hills French Village
선 월드 바나힐 최상층 프렌치 빌리지 내에 있는 호텔이다. 19세기 프랑스 건축 양식으로 지어졌으며, 약 500여 개의 객실을 갖춘 4성급 호텔이다.

중간층

골든 브리지 Golden Bridge
골든 브리지는 하늘을 향해 거대한 손가락이 길을 받치고 있는 형상이다. 거대한 바위 손은 파라다이스 정원으로 데려가기 위해 금빛 장식 띠를 끌어당기는 신의 손 모양이라고 한다.

디베이 와인 창고 Debay Wine Cellar
1923년 선 월드 바나힐에 만든 약 100m 길이의 프랑스 양식 와인 저장고다. 연중 상시 온도가 16~20도 정도로 유지된다.

린응사 Linh Ung Pagoda
정교한 조각이 돋보이는 조용한 분위기의 사원이다.

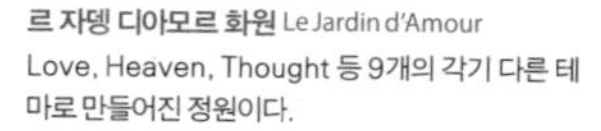

르 자뎅 디아모르 화원 Le Jardin d'Amour
Love, Heaven, Thought 등 9개의 각기 다른 테마로 만들어진 정원이다.

퍼니큘러 Funicular
르 자뎅 디아모르 화원과 린응사를 연결하는 관광 열차이다.

MAPECODE 39012

하이반 패스 Hai Van Pass Đèo Hải Vân [데오 하이번]

다낭과 후에의 경계선

다낭의 북쪽에 위치한 하이반 패스는 다낭과 후에의 경계선이다. 약 1,200m 높이의 산을 따라 약 21km의 구불구불한 길이 이어져 있다. 하이반(海雲)은 '바다에서 온 구름'이라는 의미이며, 항상 구름이 걸려 있어 붙여진 이름이다. 북쪽에서 내려오는 춥고 습한 바람으로부터 남쪽을 막아 주는 방패가 되기도 하고 베트남의 중부와 남부를 나누는 경계이기도 하다.

1827년 응우옌 왕조의 민망 황제가 후에의 성채를 지키기 위해 이곳에 요새를 만들었는데, 요새 곳곳에 남아 있는 총알 자국은 베트남 전쟁 당시의 격렬했던 전투를 대변하는 듯하다. 산 정상에는 휴게소가 있어 전망을 보며 잠시 쉬어가기에 좋다.

위치 다낭에서 랑코(Lang Co)로 넘어가는 고개 / 다낭 외곽, 다낭 시내에서 차로 약 1시간 소요

하이반 터널 Hai Van Tunnel

하이반 패스 아래를 통과하는 하이반 터널은 약 6km에 달하는데, 동남아시아에서 가장 긴 터널이다. 하이반 터널의 완공으로 다낭과 후에 간의 거리가 20km로 줄었으며, 약 30분 이상의 시간을 절약할 수 있게 되었다. 한국의 동아 건설이 터널 공사에 참여했으며, 2005년에 완공되었다. 톨게이트 비용은 2만 5천 동이다.

위치 다낭에서 랑코(Lang Co)로 넘어가는 고개 아래 / 다낭 외곽, 다낭 시내에서 차로 약 1시간 소요

다낭 서프 스쿨 Da Nang Surf School

미케 비치에서 즐기는 서핑

연중 일정한 높이의 파도가 발생하는 미케 비치는 서핑하기에 최적인 해변이다. 서프 스쿨은 다낭의 N0.1 서핑 스쿨로, 초보자들도 레슨을 받고 서핑에 도전해 볼 수 있다. 강의는 90분으로 진행되는데, 서핑 보드를 잡는 법과 보드 위에 서는 법 그리고 파도를 타는 법을 배운다. 20년 경력의 ISA(국제 서핑 협회) 자격증을 가진 전문가가 지도한다. 서핑보다 쉽게 배울 수 있는 스탠드 업 패들 보드 레슨도 있으며, 서핑 보드와 패들 보드 대여도 한다.
최소 12시간 전에 예약해야 레슨을 받을 수 있으며, 이미 서핑 전문가라면 보드만 빌려 자유 서핑을 즐길 수도 있다.

주소 Võ Nguyên Giáp, Phước Mỹ, Sơn Trà, Đà Nẵng 전화 0121 6666 722 요금 서핑, 패들 보드 레슨(1:2) 1인 $60, 서핑 / 패들 보드 렌탈 1시간 $10 홈페이지 danangsurfschool.com 이메일 goncalocabrito@gmail.com 위치 미케 비치 북쪽, 템플 다낭 리조트 내에 위치

BRG 다낭 골프 클럽 BRG Danang Golf Club

동남아시아 최초로 듄스 코스를 조성한 골프장

규모 150ha, 전장 7,160yd의 18홀로 조성된 골프장이며, 동남아시아 최초로 듄스 코스를 조성한 골프장이다. 호주 출신의 세계적인 골프 선수 그렉 노먼이 설계한 베트남 10대 골프장으로, 2010년 오픈 이후 베트남 10대 골프장 중 1위를 기록했다. 뿐만 아니라 2015년에는 세계 15대 골프장으로 선정되기도 하였다. 언덕 코스에서 보이는 바다 경관은 이곳만의 매력이다.

주소 Hòa Hải, Ngũ Hành Sơn, Đà Nẵng 전화 0236 3958 111 요금 월~목 245만 동, 금~일 345만 동(그린 피 & 캐디 피 포함) 홈페이지 www.danangolfclub.com 위치 논느억 비치 중간 맞은편, 나만 리트리트 리조트 맞은편

몽고메리 링크스 골프 클럽 Montgomerie Links Golf Club

콜린 몽고메리가 설계한 골프 클럽

2010년 라이더컵 우승자이자 유럽 투어에서 8번이나 우승한 콜린 몽고메리가 설계한 골프장이다. 2009년 개장 이후 2012년 포브스의 트래블 가이드에서 아시아 10대 골프 클럽으로 선정되기도 하였다. 전장 7,119yd, 18홀로 조성되어 있으며, 클럽 하우스와 렌탈 숍 그리고 레스토랑 같은 부속 시설이 있다. 2017년에는 9홀과 10홀 사이에 74개의 풀 빌라를 추가로 건설하였다. 대리석 산인 오행산과 마주 보고 있어 주변 경관이 매우 뛰어나다. 공식 홈페이지에서 풀 빌라 숙박과 골프 라운딩을 묶은 패키지를 확인할 수 있다.

주소 Điện Ngọc, Điện Bàn, Quang Nam, Vietnam 전화 0235 3941 942 요금 월~목 203만 동, 금~일 295만 동(그린 피 & 캐디 피 별도) 홈페이지 www.montgomerielinks.com 위치 논느억 비치 중간 맞은편, 코코베이 호텔에서 북쪽 방향에 위치

Shopping
다낭의 쇼핑

한 시장 Han Market / Chợ Hàn [쩌한]

MAPECODE 39013

다낭을 대표하는 재래시장

꼰 시장과 함께 다낭을 대표하는 현지 재래시장으로, 커다란 공설 운동장과 같은 건물이다. 1층은 과일, 채소, 육류 등의 농·축·수산물 등을 취급하고, 2층은 액세서리나 의류 등을 판매한다. 특히 1층은 과일과 말린 새우 등의 식재료부터 반찬, 건망고, 커피까지 다낭에서 먹을 수 있는 것들은 다 있다. 2층에는 아오자이를 살 수 있는 옷가게도 있는데, 이곳에서 저렴하게 아오자이를 맞춰 입을 수도 있다. 호텔 들어가기 전, 싱싱한 열대 과일을 사기 좋다.

주소 119 Trần Phú, Hải Châu 1, Đà Nẵng 전화 0236 3821 363 시간 06:00~19:00 홈페이지 chohandanang.com 위치 다낭 시내 한강과 다낭 대성당 근처, 박당(Bạch Đằng) 로드 중간에 위치

꼰 시장 Con Market / Chợ Cồn [쩌꼰]

동대문 시장을 떠오르게 하는 공산품 도매 시장

한 시장과 함께 다낭의 대표 현지 시장이다. 한 시장과는 다르게 옷, 신발, 그릇, 가전제품 등의 공산품을 주로 판매한다. 시장 안으로 들어가면 미로 같은 통로를 따라서 수많은 물건이 쌓여 있는데, 바쁘게 물건을 거래하는 모습이 한국의 동대문 시장을 떠오르게 한다. 베트남 중부 지역에서 가장 큰 도매 시장으로, 꼰 시장 주변으로는 전자제품 도·소매상들과 옷, 신발 등의 의류 도매상이 많다. 베트남 전통 모자인 논도 저렴하게 구입할 수 있다. 시장 주변에는 금은방도 많은데, 금은방에서 환전도 할 수 있다. 현지인들의 활기찬 모습을 볼 수 있는 곳이다.

주소 318 Ông Ích Khiêm, Hải Châu 2, Đà Nẵng 전화 0236 3837 426 시간 06:00~20:00 홈페이지 chocondanang.com 위치 다낭 시내 중심, 빅씨 마트 맞은편

빅씨 마트 & 팍슨 플라자 Big C & Parkson Plaza

MAPECODE 39015 39016

다낭의 현지 분위기가 물씬 나는 할인 마트

다낭을 대표하는 현지 할인 마트다. 꼰 시장 맞은편에 있어 꼰 시장과 함께 장을 보러 오는 현지인들이 많다. 빅씨 마트 입장 시, 가방이 있다면 로커에 맡겨 두고 들어가야 한다. 호텔로 들어가기 전에 음료나 맥주, 과일, 간식거리를 구매하기 좋다. 빅씨 마트와 연결된 팍슨 플라자는 이름을 들으면 알 만한 명품과 브랜드 아이템이 많은 쇼핑몰이다. 가격이 저렴한 편이 아니라서 일부러 갈 정도는 아니다.

주소 255-257 Hùng Vương, Vĩnh Trung, Đà Nẵng 전화 0236 3666 000 시간 08:00~22:00 홈페이지 www.bigc.vn 위치 다낭 시내 중심, 꼰 시장 맞은편

롯데 마트 LOTTE Mart Da Nang

MAPECODE 39017

다낭에서 만나는 한국의 할인 마트

빅씨 마트와 함께 다낭의 대형 할인 마트로, 우리에게 익숙한 한국의 할인 마트이다. '다낭에서 꼭 사야 하는 것들', '관광객 인기 상품', '선물하기 좋은 상품' 같이 상품 분류가 잘 되어 있고, 한국어 설명도 있어 쇼핑하기 편하다. 무엇보다도 현지에서 필요한 물품의 장보기와 선물 쇼핑을 한 곳에서 할 수 있어 좋다. 한국어가 가능한 직원도 있고, 1층에는 한식당, 3층에는 약국과 무료로 캐리어를 보관해 주는 서비스 센터, 4층에는 환전소가 있다. 또한 방문할 시간이 없다면, '스피드 롯데 마트' 앱을 이용하면 호텔로 배달도 된다.

5층	게임, 볼링, 롯데 시네마, 어린이 놀이 구역, 레스토랑, 커피숍
4층	**환전소**, 식품, 과자, 커피, 차, 베트남 특산품
3층	**약국**, **캐리어 보관 센터**, 패션, 화장품, 가정용품
2층	패션, 서점, 생활용품, 액세서리
1층	**한식당**, KFC, 하이랜드 커피, 기념품, ATM

주소 6 Nại Nam, Hòa Cường Bắc, Hải Châu, Đà Nẵng 전화 0236 3611 999, 0903 556 994 시간 08:00~22:00 홈페이지 www.lottemart.com.vn 위치 다낭 시내 남쪽 한강 근처에 티엔 손(Tien Son) 고가 옆

빈컴 플라자 Vincom Plaza Da Nang

MAPECODE 39018

다낭 최대의 복합 쇼핑몰

2016년 오픈한 다낭에서 가장 큰 규모의 쇼핑몰로, 현지인들 사이에서는 빈컴몰로 더 유명하다. 빈펄 리조트 그룹에서 운영하는 쇼핑몰로, 빈 마트, 푸드코트, 키즈 카페, 아이스링크, CGV 영화관 등이 있어 쇼핑몰보다는 복합 문화 공간에 더 가깝다. 3층 키즈 카페와 4층 아이스링크를 즐기려는 가족 단위의 방문객이 많다.

4층	아이스링크, CGV 영화관, 졸리비 Jollibee, 푸드코트, 크리스탈제이드
3층(아동)	퍼니 랜드 Funny Land(완구), 키즈 킹덤 Kids Kingdom(완구), 빈케 Vinke(키즈 카페)
2층(마트)	빈마트 Vinmart
1층	하이랜드 커피, Vinpro(전자제품)

주소 496 Ngô Quyền, An Hải Bắc, Sơn Trà, Đà Nẵng 전화 0236 3996 688 시간 09:30~22:00 홈페이지 vincom.com.vn 위치 다낭 시내 한강 옆, 한강 다리 근처

빈케 키즈 카페

약 1,000평의 공간에 '3 in 1' 콘셉트로, 아이들의 직업 체험과 놀이를 통한 운동 등을 한 곳에서 즐길 수 있는 실내 놀이공원이다. 소방관, 군인 등의 직업을 직접 체험할 수 있고, 범퍼카와 회전목마 등의 놀이기구도 무제한으로 이용할 수 있다. 더운 날씨를 피해 시원한 실내에서 아이들과 함께 다양한 활동을 즐기기에 좋은 장소이다.

주소 Vincom Plaza 3층 전화 0915 901 089, 0236 399 6699, 0236 399 6178 시간 09:30~22:00 요금 (80cm 이상 아동) 월~목요일 9만 동, 주말 · 공휴일14만 동 / (80cm 미만 아동) 무료 / (보호자, Chaperon) 3만 동 위치 빈컴 플라자 3층

인도차이나 리버사이드 타워 Indochina Riverside Towers

MAPECODE 39019

현지인들의 모임 장소로 유명한 복합 쇼핑몰

다낭 한강 옆에 위치한 리버사이드 타워는 다낭의 회사들이 위치한 타워와 쇼핑센터가 같이 있는 복합 건물이다. 1층의 하이랜드 커피는 현지인들의 모임 장소로 유명하다. 또한 2층의 푸드코트는 한강이 내려다보이는 전망으로 인기가 좋으며, 완구 코너와 아이들을 위한 실내 놀이 시설도 있다. 그러나 브랜드가 많지 않고, 매장 수가 적어서 쇼핑할 것은 별로 없다.

주소 74 Đường, Trần Phú, Hải Châu 1, Đà Nẵng 전화 0905 840 857 시간 09:00~21:30 홈페이지 www.indochinariverside.com 위치 다낭 시내 남쪽 한강 옆, 박당 로드(Bạch Đằng)에 있는 콩 카페 옆

K 마트 K-MART

MAPECODE 39020 39021 39071

한국인이 운영하는 24시간 편의점

2006년 베트남에 한인이 오픈한 슈퍼마켓 겸 편의점 체인이다. K 마트와 K 마켓이 있는데 이름은 다르나 같은 체인으로, 이미 베트남에서는 잘 알려져 있다. 편의점이 많지 않은 다낭에서 24시간 영업하고 한국 라면, 과자 등을 판매해서 늦은 시간에 한국 제품을 구입하기에 편리하다. 다낭에 3개의 지점이 있으며, 호이안과 후에에도 지점이 있다.

주소 2-3 Phạm Văn Đồng, An Hải Bắc, Sơn Trà, Đà Nẵng 전화 0236 3960 001 시간 24시간 운영 위치 다낭 시내, 노아 스파 옆

주소 Q., 104 Bạch Đằng, Hải Châu 1, Đà Nẵng 전화 0236 3810 001 시간 08:00~22:00 위치 한강 근처 콩 카페 옆

주소 An Thượng 2, Bắc Mỹ Phú, Ngũ Hành Sơn, Đà Nẵng 전화 0236 3962 001 시간 24시간 위치 미케 비치 홀리데이인 비치 리조트 뒤편, 버거 브로스 근처

페바 초콜릿 Pheva Chocolate

MAPECODE 39022

선물하기 좋은 베트남의 초콜릿

페바 초콜릿은 남베트남 벤째 지방에서 수확한 카카오로 만든 베트남 로컬 브랜드이다. 다크, 밀크, 화이트 초콜릿에 베트남 각 지방에서 나는 마카다미아, 땅콩, 후추 등 독특한 재료를 섞어서 만든 18가지의 초콜릿을 원하는 대로 담을 수 있다. 알록달록한 색깔의 상자와 케이스가 예뻐서 선물하기에 좋다. 가격도 저렴한 편이고, 호이안에도 매장이 있다.

주소 239 Trần Phú, Phước Ninh, Đà Nẵng 전화 0236 3566 030 시간 08:00~19:00 홈페이지 www.phevaworld.com 위치 다낭 시내 한강 옆 쩐푸(Trần Phú) 로드, 다낭 대성당에서 남쪽으로 도보 약 5분 소요

Eating
다낭의 음식점

다낭에는 북부식 쌀국수 퍼보 Phở Bò 부터 중부식 미꽝 Mì Quảng 그리고 남부식 분짜 Bún Chả 까지 베트남의 대표 음식이 모두 모여 있다. 더불어 세계적인 휴양지로 알려지면서 다양한 요리의 맛집들이 생겨 매일 무엇을 먹을지 행복한 고민을 하게 된다.

MAPECODE 39023

동즈엉 레스토랑 Nhà Hàng Đông Dương

다낭 현지인들의 인기 외식 장소

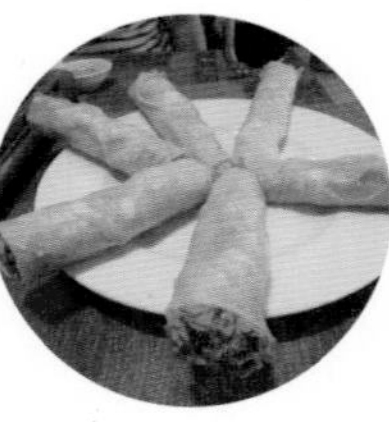

웨딩홀 같은 화이트톤의 프랑스 건축 양식 건물과 앞의 넓은 마당이 인상적인 레스토랑이다. 간단한 식사보다는 저녁 시간에 회식이나 현지인들의 외식 장소로 유명하다. 저녁 시간이 되면 레스토랑 앞에 있는 넓은 정원에 알록달록한 등이 켜지고, 음악이 은은하게 흘러나와 운치가 있다. 새우, 게, 돼지고기, 닭고기 등을 이용한 베트남 메인 요리가 많으며, 다진 마늘과 버터로 볶은 갈릭 버터 슈림프와 달콤한 양념 숯불 고기를 국수(반Ban)에 싸 먹는 반호이팃느엉이 인기 메뉴이다. 저녁 시간은 예약이 필수이다.

주소 18 Đường Trần Phú, Hải Châu, Đà Nẵng 전화 0236 3889 689, 0123 5327 777 시간 09:00~22:00 메뉴 반호이팃느엉 9만 9천 동, 마늘 새우 튀김(똠수로아이) 1kg 59만 동, 해산물 볶음밥(Cơm Chiên Hải Sản, 껌찌엔 하이산) 7만 9천 동, 맥주 1만 8천 동~, 소프트드링크 1만 4천 동 위치 다낭 시내 한강 북쪽, 노보텔 다낭 프리미어 한 리버 호텔 근처

미꽝 1A Mì Quảng 1A

MAPECODE 39024

다낭의 명물 국수인 미꽝을 판매하는 곳

베트남 중부를 대표하는 음식 중 하나인 미꽝(비빔국수)만 판매하는 로컬 식당이다. 식당 외관부터 맛집임을 짐작하게 하는 분위기이다. 메뉴는 미꽝 한 가지이나 고명에 해당하는 새우, 고기에 따라 맛이 달라진다. 국수가 나오면 취향에 따라 테이블에 있는 양념을 넣고, 맵게 먹고 싶으면 고추를 넣으면 된다. 단, 에어컨이 없고 바쁜 시간에는 테이블을 공유하기도 한다. 추천 메뉴는 새우가 올라간 미꽝 똠팃이고, 즉석에서 만들어 주는 카페 쓰어다 Cà Phê Sữa Dà 도 함께 먹으면 잘 어울린다.

주소 1 Hải Phòng, Hải Châu 1, Hải Châu, Đà Nẵng 전화 0236 3827 936 시간 06:00~21:00 메뉴 새우 비빔국수(Mì Quảng Tôm Thịt, 미꽝 똠팃) 3만 동, 닭고기 비빔국수(Mì Quảng Gà, 미꽝 가) 3만 5천 동, 모듬 비빔국수(Mì Quảng đặc Biệt, 미꽝 닥 비엣) 4만 동, 소프트드링크 1만 동, 비어 라루(Bia Larue) 1만 3천 동~, 아이스 연유 커피(Cà Phê Sữa, Dà, 카페 쓰어다) 1만 5천 동 위치 다낭 시내 중심, 까오다이교 사원 옆

마담란 레스토랑 Nhà hàng Madame Lân

MAPECODE 39025

다양한 베트남식 음식을 맛볼 수 있는 로컬 식당

다낭이 알려진 이후에 가장 단시간에 인기를 끈 로컬 식당이다. 최근 호불호가 갈리는 곳이지만, 깔끔한 인테리어와 넓은 공간으로 여행객들이 꾸준히 방문하는 곳이다. 하노이식 소고기 쌀국수 퍼보부터 베트남식 부침개 반쎄오까지 다양한 베트남 요리를 맛볼 수 있다. 맛의 향이나 양념이 강하지 않고 전체적으로 무난해서 정통 베트남 음식을 기대하는 사람들 입맛에는 안 맞을 수 있다. 식당 규모가 크고 시내에서 다소 떨어져 있어 줄을 서는 일이 없지만, 실내 공간이 없고 에어컨이 없어 다소 더울 수 있다.

주소 Số 4 Bạch Đằng, Q.Hải Châu, Tp. Đà Nẵng 전화 0236 3616 226, 090 569 7555 시간 06:00~22:00 메뉴 닭고기 비빔국수(Mì Quảng Gà, 미꽝 가) 4만 5천 동, 소고기 쌀국수(Phở Bò, 퍼보) 4만 5천 동, 베트남식 부침개(Bánh Xèo, 반쎄오) 5만 2천 동, 튀긴 시푸드 스프링롤(Chả Giò, 짜조) 12만 동, 분짜 5만 동, 비어 라루(Bia Larue) 2만 동, 콜라 2만 동, 아이스 연유 커피(Cà Phê Sữa Dà , 카페 쓰어다) 3만 2천 동 홈페이지 www.madamelan.vn 위치 다낭 시내 한강 북쪽, 박당 로드(Bạch Đằng) 끝 쪽

람비엔 레스토랑 Nhà hang Lam Vien

MAPECODE 39026

분위기 좋은 베트남 레스토랑

람비엔은 베트남 전통 가옥 양식의 인테리어가 인상적인데, 입구의 대문부터 넓은 정원까지는 한국의 고급 한정식집과 비슷하다. 특히 람비엔은 현지인들이나 다낭에 거주하는 교민들 사이에서 특별한 날에 외식하는 식당으로 알려져 있다. 일반적인 베트남 식당에서 취급하는 쌀국수와 볶음밥 등의 식사 메뉴보다는 칠리 새우, 소고기볶음, 게 요리 등의 정통 베트남식 메인 요리 종류가 많다. 분위기가 좋은 곳에서 정통 베트남 요리를 먹고 싶을 때 어울리는 곳이다. 웨이팅이 있어 미리 예약하는 것이 좋고, 계산 시 5%의 세금이 붙는다.

주소 88 Trần Văn Dư, Mỹ An, Ngũ Hành Sơn, Đà Nẵng 전화 0236 3959 171, 0905 420 730 시간 11:30~21:30 메뉴 반쎄오 13만 5천 동, 고이꾸온 14만 동, 베트남 샐러드류 17만 5천 동~, 퍼보/퍼가 각 7만 5천 동, 칠리소스 새우구이 20만 5천 동, 파인애플 볶음밥 13만 5천 동, 모닝글로리볶음 8만 5천 동, 음료 3만 동~ 홈페이지 lamviendanang.com 위치 미케 비치에 있는 프리미어 빌리지 리조트 맞은편 골목 안

퍼 홍 Quán Phở Hồng

MAPECODE 39027

하노이식 쌀국수 전문점

하노이식 뜨거운 국물의 소고기 쌀국수를 전문으로 하는 로컬 식당이다. 식당 옆의 퍼 기아Phu Gio Hanoi라는 쌀국수집과 더불어 다낭의 현지인에게 인기가 많다. 친절하게 한국어 메뉴도 있고, 간혹 김치와 국물에 찍어 먹는 빵을 곁들여 주기도 한다. 내부가 넓고 깔끔해서 로컬 식당에 대한 거부감이 크지 않다. 소고기의 각기 다른 부위가 들어가는 쌀국수를 판매하는데, 가장 무난하면서 입맛에 맞는 것은 양지 쌀국수인 퍼남 Pho Nam이다. 진한 국물맛에 부드러운 국수의 정통 베트남 퍼보를 경험할 수 있는 곳이다.

주소 10 Lý Tự Trọng, Thạch Thang, Đà Nẵng 전화 098 878 23 41 시간 06:30~22:00 메뉴 설익은 소고기 쌀국수(Pho Tai, 퍼타이)/양지 쌀국수(Pho Nam, 퍼남)/차돌박이 쌀국수(Pho Gau, 퍼가우)/힘줄 쌀국수(Pho Gan, 퍼간) 각 4만 동(큰 사이즈 5만 동), 짜조 15만 동 위치 다낭 시내 리뜨쫑(Lý Tự Trọng) 로드, 노보텔 다낭 프리미어 한 리버 호텔 뒤편

고구려 Goguryeo

MAPECODE 39028

매운 돼지갈비가 맛있는 한식당

2011년부터 호찌민에서 7년간 자리를 지키던 한식당이 다낭으로 옮겨 왔다. 1, 2층으로 다소 큰 규모이다. 주메뉴는 고기류로, 밑반찬도 종류가 많고 푸짐하며 반찬 하나하나에 정성이 느껴진다. 인기 메뉴는 단연 특제 양념으로 재운 매운 돼지갈비와 갈비탕이다. 고기와 함께 먹기 좋은 냉면은 한국에서 먹던 맛과 차이가 없을 정도로 맛있고, 비빔밥과 김치찌개 등 식사 메뉴도 기대 이상이다. 2인 이상 메뉴는 먹기 좋게 포장해서 다낭 지역 내에서 배달도 가능하다.

주소 107 Dương Đình Nghệ, An Hải Bắc, Sơn Trà, Đà Nẵng 전화 0934 421 529 시간 09:00~22:00 메뉴 삼겹살/목살 15만 동(200g), 매운 돼지갈비 18만 동(250g), 김치/된장찌개/전주비빔밥 12만 동, 갈비탕 18만 동, 돌솥비빔밥 14만 동, 물냉면/비빔냉면 10만 동, 계란찜 5만 동, 소주 12만 동, 음료 2만 동 위치 미케 비치 알라까르테 호텔 뒤쪽(Duong Dinh Nghe Road), 도보 약 10분 거리

한식 배달

호텔에서 편하게 즐길 수 있는 배달 음식

다낭에는 20여 개가 넘는 한식당이 있는데, 이 중에서 몇 곳은 호텔로 직접 배달해 준다. 족발부터 떡볶이, 치킨까지 다양한 음식의 배달이 가능하다. 일정 금액 이상 주문하거나 약간의 배달비를 내면 편하게 호텔에서 맛볼 수 있다.

박가네

돈가스부터 보쌈까지 다양한 한식 메뉴가 있다. 김치찌개, 돈가스 등 웬만한 음식이 모두 배달되고, 반찬도 정갈하게 담아 준다.

주소 1 Dương Đình Nghệ, Phước Mỹ, Sơn Trà, Đà Nẵng 전화 01694 365 903 카카오톡 troioichicken 시간 11:00~24:00(마지막 주문 23:00) 메뉴 돈가스/생선가스/닭강정/치킨 + 밥 각 12만 동, 김치찌개 12만 동, 보쌈 정식 14만 동, 닭볶음탕/닭찜 각 50만 동, 프라이드치킨 29만 동, 김치볶음밥 12만 동, 물냉면/비빔냉면 각 10만 동, 소주 10만 동, 막걸리 12만 동 위치 미케 비치 알라까르테 호텔 뒤편

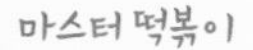

김밥부터 떡볶이까지 모든 분식을 배달해 주는 분식 전문점이다. 매콤한 떡볶이와 잘 어울리는 어묵, 김밥 등은 한국에서 먹던 맛 그대로다. 결제 가격 $15 이상 시 무료로 배달해 준다.

주소 Trần Văn Thành, Khuê Mỹ, Ngũ Hành Sơn, Đà Nẵng 전화 0236 3898 101 카카오톡 master085 시간 11:00~01:00(마지막 주문 24:00) 메뉴 떡볶이(1인분) $5, 오뎅탕 $3, 마약 김밥 $5, 모둠 튀김 $5, 등심 돈가스 $7, 과일 탕수육 $9, 콜라/사이다 각 $1, 맥주류 $2 위치 미케 비치 푸라마 리조트 맞은편 골목 안

한국식 호프집으로, 다낭에서 치킨이 그리울 때 이용하기 좋다. 롯데 마트와 미케 비치 중간에 있다.

주소 Lo 21~22 Nguyễn Văn Thoại, Bắc Mỹ An, Ngũ Hành Sơn, Đà Nẵng 전화 091 947 2003, 0236 3743 988 카카오톡 chimackorea1780 시간 10:00~24:00(마지막 주문 23:00) 메뉴 프라이드 치킨/양념 치킨/숯불 치킨 각 32만 동, 닭 한마리 수제비 39만 동, 닭강정 15만 동, 매운 닭발 25만 동, 골뱅이무침 30만 동 위치 다낭 시내, 한강을 건너기 전 라이즈 마운틴 리조트에서 도보로 약 5분 소요

포유 시푸드 레스토랑 4U Beach Restaurant

MAPECODE 39029

전망 좋은 미케 비치에 있는 시푸드 레스토랑

미케 비치에 위치한 시푸드 레스토랑이다. 일반 로컬 시푸드 레스토랑보다 위생적이고, 에어컨도 있어서 상대적으로 쾌적하고 깔끔한 곳이다. 2층 건물로, 입구에 싱싱한 해산물들이 종류별로 수족관에 전시되어 있어 어떤 해산물을 취급하는지 한눈에 볼 수 있다. 해산물을 먹기 좋게 잘 분리해 주고, 해변가에 있어서 바다 조망이 가능해 분위기 있게 식사를 즐길 수 있다. 단, 현지 물가를 생각하면 가격대가 높은 편이다.

주소 Lô 9 – 10, Võ Nguyên Giáp, Phước Mỹ, Sơn Trà, Đà Nẵng 전화 0236 3942 945 시간 08:00~22:00 메뉴 칠리 크랩(Ghẻ Do) 1kg 80만 동, 새우(Tôm Sú) 1kg 80만 동, 해산물 볶음밥(Cơm Chiên Hải Sản) 大 15만 동, 중국식 튀긴 빵(Bánh Bao Chiên) 3만 동, 비어 라루(Beer Lauru) 1만 5천 동, 콜라(Coke) 1만 2천 동 홈페이지 4urestaurant.vn 위치 미케 비치, 알라까르테 호텔 맞은편

블루 웨일 Blue Whale

MAPECODE 39030

파인 다이닝 같은 시푸드 음식점

분위기 좋고 깔끔한 고급 시푸드 레스토랑이다. 포유와 함께 미케 비치의 대표 시푸드 레스토랑으로, 포유 시푸드 바로 옆에 위치해 있다. 블루 웨일은 포유 시푸드보다 고급스러운 인테리어가 특징이고, 테이블 세팅이나 직원들의 유니폼이 시푸드 레스토랑이라기보다는 파인 다이닝이라고 느껴질 정도다. 시푸드 이외에도 쌀국수, 볶음밥, 스프링롤 등 베트남 음식과 감자튀김, 스파게티 등의 메뉴도 있다. 가격은 다른 시푸드 레스토랑과 비슷하거나 저렴한 수준이다. 돌잔치나 결혼식 등 현지인들의 행사가 많은 편이어서 인원이 많다면 미리 예약하고 가는 것이 좋다. 2인 기준, 약 3~4만 원 정도로 예산을 책정하면 된다. 무엇보다 사진이 있는 영문 메뉴판이 있어 주문할 때 편리하다.

주소 Lô 5–6 đường Võ Nguyên Giáp, Phước Mỹ, Quận Sơn Trà, Đà Nẵng 전화 0236 3942 777 시간 10:00~23:00 메뉴 랍스터(Tôm Hùm) 1kg 260만 동, 새우(Tôm Sú) 1kg 75만 동, 조개(Nghêu) 1kg 22만 동, 굴(Hàu) 20만 동, 해산물 볶음밥(Cơm Chiên Hải Sản) 8만 5천 동, 해산물 스프링롤(Chả Giò Hải Sản) 10만 동, 새우튀김 12만 동, 코코넛 샐러드 11만 동 홈페이지 www.bluewhale.com.vn 이메일 info@bluewhale.com.vn 위치 미케 비치, 포유 시푸드 레스토랑 옆

콩 카페 Cong Caphe

MAPECODE 39031 39072 39073

코코넛 커피로 유명한 카페

최근 트랜드인 코코넛 밀크커피로 유명해진 카페이다. 다낭을 비롯하여 베트남 전역에 약 30여 개의 지점이 있으며, 카페 내부는 베트남 전쟁 당시 베트콩의 요새 같은 독특한 인테리어가 특징이다. 카페 문을 열고 들어가는 순간 과거 공산 국가 시절의 베트남으로 돌아간 느낌인데, 벽의 그림과 테이블의 소품 하나하나에 그 시절의 빈티지함을 담았다. 1~2층 좌석은 항상 코코넛 커피를 마시려는 사람들로 붐빈다. 달콤한 첫맛과 은은한 코코넛의 풍미가 인상적인 커피는, 돌아서면 다시 또 생각나게 한다. 한 시장 근처에 있어서 시장을 둘러보고 쉬면서 커피를 마시기 좋다. 다낭 대성당 근처에 2호점과 호이안에도 지점이 있다.

주소 (다낭 1호점) 96-98 Bạch Đằng, Hải Châu, Đà Nẵng / (다낭 2호점) 39-41 Nguyễn Thái Học, Hải Châu 1, Hải Châu, Đà Nẵng / (호이안) Công Nữ Ngọc Hoa, Phường Minh An, Hội An 전화 (다낭 1호점) 0236 6553 644, (다낭 2호점) 091 866 492, (호이안) 091 186 6493 시간 07:00~23:30 메뉴 코코넛 밀크커피(Cà Phê Cốt Dừa) 4만 5천 동, 아이스 연유 커피(Cà Phê Sữa Dà) 3만 5천 동, 아이스 아메리카노/코카콜라 각 3만 동 홈페이지 www.congcaphe.com 위치 (다낭 1호점) 다낭 시내 한강 옆 박당(Bạch Đằng) 로드 중간 한 시장 근처 / (다낭 2호점) 다낭 대성당 옆 마야나 호텔 건너편 / (호이안) 안호이 다리에서 강변을 따라 탄빈 리버사이드 호텔 방향으로 도보 5분

하이랜드 커피 Highland Coffee

MAPECODE 39032

베트남을 대표하는 카페

하이랜드 커피에서 판매하는 커피는 대부분 베트남에서 생산된 커피이고, 에스프레소 기계에서 내리는 커피가 아니다. 하이랜드 커피는 베트남의 커피 필터인 '핀Phin'으로 핸드 드립하여 만드는데, 특히 핀으로 만드는 '핀 카페Phin Cà Phê'가 대표 음료다. 카페 안으로 들어가면 수많은 핀에서 내려지는 커피를 볼 수 있다.

베트남 정통 커피인 핀 커피는 에스프레소로 내린 커피에 비해 진하고 쓴맛이 특징이다. 베트남 연유 커피인 '핀 쓰어다Phin Sữa Dà'도 꼭 마셔 봐야 한다. 다낭 한강 옆 명소마다 위치하고 있어서 현지인들의 약속 장소로 유명하기도 하다. 다낭 공항, 빅씨 마트, 롯데 마트, 빈컴 플라자에도 지점이 있다.

주소 74 Bạch Đằng, Hải Châu 1, Hải Châu, Đà Nẵng 전화 0236 386 6135 시간 06:30~23:00 메뉴 아이스 연유 커피(Phin Sữa Dà)/아이스 블랙커피(Phin đen đá) 각 2만 9천 동(S), 3만 5천 동(M), 3만 9천 동(L) 홈페이지 www.highlandscoffee.com.vn 위치 다낭 시내 한강 옆 박당(Bạch Đằng) 로드, 인도차이나 리버사이드몰 1층

Tip 베트남 커피 주문하는 방법!

베트남 정통 커피는 베트남식 커피 필터 핀으로 내려서 진하고 쓴맛이 강하다. 여기에 취향에 따라 얼음과 연유를 추가해서 먹으면 된다. '카페 Cà Phê = 커피', '덴 đen = 블랙커피', '쓰어 Sữa = 연유', '다 Dà = 얼음', '농 Nóng = 뜨거운'이다.

★ 카페 덴농 Cà Phê đen Nóng = 따뜻한 블랙커피

★ 카페 쓰어다 Cà Phê Sữa Dà = 아이스 연유 커피

라루나 바 & 레스토랑 Laluna Bar & Restaruant

MAPECODE 39033

오행산 입구에 위치한 맛집

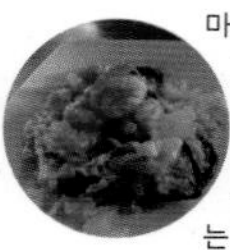

마땅한 식당이 없는 오행산 입구에 있어, 다낭의 명소인 오행산을 둘러보고 편하게 식사할 수 있는 곳이다. 오행산을 오가는 길에 우연히 알려진 맛집으로, 다소 허름한 외관과 달리 내부는 깔끔한 카페 분위기다. 진한 망고 주스와 깔끔하게 볶은 미싸오똠(새우볶음면)은 이 집의 인기 메뉴다. 오행산 들르는 길에 식사를 하거나 더위를 식히기 좋다.

주소 187 Huyền Trân Công Chúa, Hoà Hải, Ngũ Hành Sơn, Đà Nẵng 전화 090 578 7337 시간 09:00~23:00 메뉴 짜조 7만 동, 반미 4만 동, 껌찌엔똠(새우볶음밥)/미싸오버(소고기 볶음면)/미싸오똠(새우볶음면) 7만 동, 콜라/사이다 1만 5천 동, 망고 주스 4만 동 위치 논느억 비치, 오행산 입구

바빌론 스테이크 가든 Babylon Steak Garden

MAPECODE 39034 39035

직접 구워 먹는 돌판 스테이크로 유명한 레스토랑

돌판에 직접 구워 먹는 돌판 스테이크로 유명한 레스토랑인데, 여행 방송 프로그램에서 소개된 이후로 더 유명해졌다. 스테이크 종류를 선택하면 뜨거운 돌판을 가져와서 구워 주는데, 원하는 굽기로 조절해서 먹을 수 있다. 약 250g에 미디엄 사이즈 스테이크가 약 25,000원 정도로 현지 물가 대비 다소 비싼 편이지만, 호텔에서 먹는 스테이크 가격보다는 저렴한 편이다. 프리미어 빌리지 리조트 맞은편에 있어 찾아가기 쉬운 것도 장점이다. 고기는 미국산 초이스급 소고기를 사용한다. 계산 시 봉사료 5%와 부가세 10%가 추가된다. 알라까르테 호텔 근처에 2호점이 있다.

주소 422 Võ Nguyên Giáp, Mỹ An, Ngũ Hành Sơn, Đà Nẵng 전화 090 3828 804 시간 10:00~22:00 메뉴 Bonless Short Rib (250g) 49만 동, (500g) 79만 동, Japanese Wagyu Striploin (125g) 67만 동, (250g) 119만 동, 새우 스프링롤/해산물튀김 스프링롤 11만 5천 동, 해산물 볶음밥 14만 동, 시푸드 피자 17만 동, 콜라 1만 5천 동, 참이슬 11만 동 위치 미케 비치, 프리미어 빌리지 건너편

2호점

주소 18 Phạm Văn Đồng, An Hải Bắc, Sơn Trà, Đà Nẵng 전화 098 347 4969 위치 미케 비치, 알라까르테 호텔 근처

버거 브로스 Burger Bros

MAPECODE 39036 39037

쉑쉑버거 못지않은 인기의 수제 버거

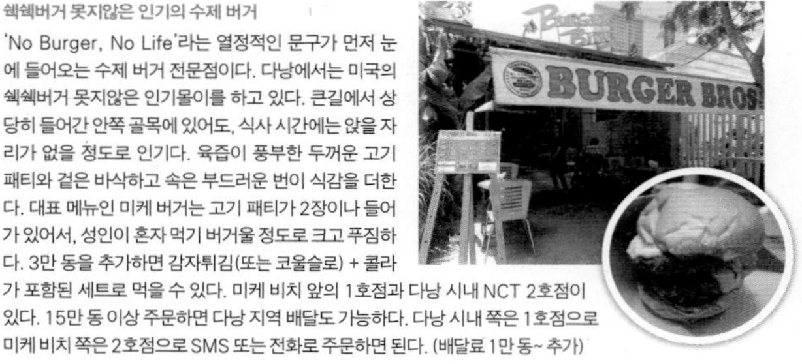

'No Burger, No Life'라는 열정적인 문구가 먼저 눈에 들어오는 수제 버거 전문점이다. 다낭에서는 미국의 쉑쉑버거 못지않은 인기몰이를 하고 있다. 큰길에서 상당히 들어간 안쪽 골목에 있어도, 식사 시간에는 앉을 자리가 없을 정도로 인기다. 육즙이 풍부한 두꺼운 고기 패티와 겉은 바삭하고 속은 부드러운 번이 식감을 더한다. 대표 메뉴인 미케 버거는 고기 패티가 2장이나 들어가 있어서, 성인이 혼자 먹기 버거울 정도로 크고 푸짐하다. 3만 동을 추가하면 감자튀김(또는 코울슬로) + 콜라가 포함된 세트로 먹을 수 있다. 미케 비치 앞의 1호점과 다낭 시내 NCT 2호점이 있다. 15만 동 이상 주문하면 다낭 지역 배달도 가능하다. 다낭 시내 쪽은 1호점으로 미케 비치 쪽은 2호점으로 SMS 또는 전화로 주문하면 된다. (배달료 1만 동~ 추가)

주소 An Thượng 4, Mỹ An, Ngũ Hành Sơn, Đà Nẵng 전화 0945 576 240 시간 11:00~14:00, 17:00~22:00 메뉴 미케 버거 14만 동, 치즈 버거 8만 동, 햄버거 7만 동, 소프트드링크 2만 동, 비어 라루(Beer Larue) 3만 동 홈페이지 burgerbros.amebaownd.com 위치 미케 비치, 홀리데이인 비치 리조트 뒤편 골목 안

NCT 2호점

주소 4 Nguyễn Chí Thanh, Thạch Thang, Q. Hải Châu, Đà Nẵng 전화 0931 921 231 위치 다낭 시내, 아지트 마사지 숍 근처

홀리 피그 Holy Pig

MAPECODE 39038

아메리칸 스타일의 레스토랑

통통 튀는 로고만큼이나 개성이 강한 아메리칸 그릴 레스토랑이다. 컨테이너를 개조한 오픈 에어 스타일로, 넓은 공간과 높은 천장, 감각적인 인테리어 그리고 음악이 어우러져 마치 미국 레스토랑에 와 있는 듯한 느낌을 준다. 레스토랑 중간에 설치된 대형 오븐에서는 24시간 내내 코코넛과 사탕수수로 구운 바비큐 립, 치킨, 스테이크가 구워지고 있다. 주문과 동시에 오븐에서 나오는 그릴 요리는 독특한 훈연 향과 풍부한 육즙이 특징이다. 특히 바비큐 립은 겉에 바른 소스와 부드러운 육질이 입맛을 사로잡는다.

아이들이 편하게 뛰어놀 수 있는 키즈 룸과 소규모 파티를 열 수 있는 VIP 룸이 있고, 수영장과 탈의실도 갖추고 있다. 매주 다양한 테마의 파티를 열어 현지인들 사이에서는 이미 핫 플레이스로 입소문이 나 있다. 계산 시 10% 부가세가 붙으며, 포장도 가능하다.

주소 Trường Sa, Ngũ Hành Sơn, Hòa Hải, Đà Nẵng 전화 0905 916 811 시간 11:30~22:00 메뉴 그린 망고 샐러드 6만 동, 홀리 피그 스테이크 32만 동, 아메리칸 점보 비프 쇼트 립 35만 동, 홀리 피그 비프 버거 16만 동, 홀리 피그 프라이드 라이스 4만 동, 소프트드링크 2만 동 홈페이지 holypig.vn 위치 논느억 비치, 나만 리트리트 리조트 건너편

피자 포 피스 Pizza 4 P's

MAPECODE 39039

다낭 현지인이 추천하는 화덕 피자

일본인 친구 4명이 뭉쳐서 만든 정통 이탈리안식 화덕 피자점으로 하노이, 호찌민 등 베트남에서 인기몰이 중인 피자 체인점이다. 제대로 된 이탈리안 피자를 만들겠다는 의지로, 베트남 남부 고산 지역인 달랏Dalat 지방에 치즈 공장을 만들어 직접 만든 치즈를 전 지점으로 매주 공수한다. 또한 로컬 마켓에서 매일 들여온 신선한 야채를 사용하기 때문에 피자 재료에 대한 자부심이 강하다.

특히 달랏 공장에서 직접 만든 브라타 치즈가 들어간 피자가 대표 메뉴인데, 직접 반죽한 도우 위에 신선한 브라타 치즈와 야채가 토핑된 피자는 부드럽고 고소한 맛이다. 그 이외에도 'House-Made Cheese'라는 수제 치즈가 들어간 메뉴도 인기다. 매장 중간에 거대한 화덕이 있어, 상시 피자를 굽는 향이 가득하다. 베트남에서는 상대적으로 덜 알려진 정통 이탈리안식 피자와 파스타가 현지에서 인기를 얻고 있어 젊은이들의 모임 장소로도 유명하다. 계산 시 10%의 세금이 붙는다.

주소 Q. Hải Châu, 8 Hoàng Văn Thụ, Phước Ninh, Đà Nẵng 전화 0120 590 4444 시간 10:00~22:00(라스트 오더 21:30) 메뉴 블루치즈 페투치니 14만 동, 하우스 메이드 모짜렐라 카프레제 9만 5천 동, 토마토 스파게티 마스카포네 14만 동, 브라타 마르게리따 피자 42만 동, 소프트드링크 2만 8천 동 홈페이지 pizza4ps.com 위치 다낭 시내, 대성당과 참 박물관 사이, 페바 초콜릿 근처

쩌 슈아 Chợ Xưa

MAPECODE 39040

뷔페로 다양하게 즐기는 베트남 요리

베트남 마켓을 모티브로 한 베트남 음식 뷔페이다. 그래서인지 마치 베트남 시장에서 음식을 먹는 듯하지만, 전체적으로는 깔끔하고 모던한 분위기이다. 1~2층의 넓은 공간에 무엇부터 먹어야 할지 고민일 정도로 애피타이저부터 후식인 체Che까지 없는 것이 없다. 뿐만 아니라 북부 하노이 스타일 쌀국수부터 남부 분짜, 짜조, 시푸드까지 베트남 음식이 한자리에 있다. 베트남 음식의 특성상 미리 만들어 둔 뷔페 음식이 아니라 요청하면 코너에서 바로 만들어 준다. 평소 베트남 음식을 좋아하는 사람이나 향이 강한 베트남 음식에 거부감이 있는 사람들도 편하게 식사할 수 있는 곳이다. 식사비에 5%의 봉사료와 10%의 세금이 붙는다.

주소 Bisou Hotel, Trường Sa, Ngũ Hành Sơn, Hòa Hải, Đà Nẵng 전화 0236 3829 888 시간 런치 11:00~14:30, 디너 17:00~22:00 메뉴 런치 성인 25만 4천 동, 디너 성인 34만 6천 동 / 아동(만 5세~12세 미만)은 성인 요금의 50%이며, 만 4세 이하는 무료 위치 논느억 비치, 코코베이 리조트 콤플렉스 내 비쥬(Bisou) 호텔 1층

시트론 Citron

MAPECODE 39041

스펙타클한 전망에서 즐기는 식사

시트론은 인터콘티넨탈 리조트 부속 레스토랑이다. 호텔에서 가장 높은 위치에 있어 스펙터클한 전망이 돋보이는 곳이다. 시트론이라는 이름처럼 노란색과 녹색을 과감하게 사용한 인테리어는 상큼한 느낌으로 미각을 자극한다. 시트론에서 가장 인기 있는 공간은 외부에 마련된 부스인데, 베트남 전통 모자 논을 뒤집어 놓은 모양으로 리조트 설계자 '빌 벤틀리'의 센스가 돋보이는 작품이다. 이 좌석은 해발 100m 높이에 위치하고 있어, 탁 트인 바다 전망과 아찔한 스릴을 더한다.
시트론은 베트남 전문 레스토랑으로, 시트론의 총괄 셰프는 2013년 골든 스푼 대회에서 수상한 경력이 있다. 시트론의 메뉴는 베트남 북부, 중부, 남부 스타일 음식까지 지역별 대표 음식을 다루고 있다. 식사비에 5%의 봉사료와 10%의 세금이 붙는다.

주소 Bãi Bắc, Bán Đảo Sơn Trà, Đà Nẵng 전화 0236 393 3333 시간 06:30~22:30(브레이크 타임 10:30~12:00) 메뉴 Hanoi Special Spring Rolls 31만 9천 동, Northern Pho 29만 9천 동, Green Mango Salad 29만 9천 동, Quang Noodle 41만 동, Hue Style Beef Noodle Soup 39만 동, Fried Chicken Wings with Phu Quoc Fish Sauce 34만 동 홈페이지 danang.intercontinental.com/kr 위치 손짜반도에 있는 인터콘티넨탈 리조트 내 레스토랑

라 메종 1888 La Masion 1888

MAPECODE 39042

2016년 CNN에서 선정한 세계 10대 레스토랑 중 하나

인터콘티넨탈 리조트의 부속 레스토랑이다. 미슐렝 스타 셰프로 유명한 피에르 가니에르Pierre Gagnaire의 첫 번째 베트남 레스토랑이기도 하다. 라 메종은 총 3층의 독채 건물로, 이름에서 알 수 있듯이 1888년 프랑스의 고급 주택을 모티브로 지어졌다. 식사 공간은 마치 실제로 사람이 살고 있는 것처럼 꾸몄는데, 붉은색으로 치장한 안주인 백작 부인의 방, 여행을 좋아하는 회계사 아들의 방, 분홍색의 딸들 방 등 각기 다른 콘셉트의 인테리어가 독창적이다.

와인 창고에는 다양한 종류의 와인이 있고, 소믈리에가 있어 직접 와인을 추천받을 수 있다. 피에르 가니에르가 상주하지 않아 그가 직접 요리하는 모습을 볼 수 없는 점이 아쉽지만, 그의 이름을 붙인 5코스 메뉴를 통해 그의 요리를 맛볼 수 있다. 하루 30명까지만 예약제로 받기 때문에 라 메종을 방문하려면 최소 2~3개월 전에 예약해야 한다. 드레스 코드가 엄격하고 남자의 경우 짧은 바지와 슬리퍼 차림은 입장이 불가능하다(8세 미만은 동반 불가). 식사비에 10%의 부가세와 5%의 봉사료가 붙는다.

주소 Bãi Bắc, Bán Đảo Sơn Trà, Đà Nẵng 전화 0236 393 3333 시간 Dinner Only 18:30~22:30 메뉴 'Esprit Pierre Gagnaire' (5코스) 329만 9천 동, (7코스) 368만 8천 동 홈페이지 danang.intercontinental.com/kr 위치 손짜반도에 있는 인터콘티넨탈 리조트 내 레스토랑

카페 인도친 Café Indochine

MAPECODE 39043

매일 신선한 해산물을 재료로 만드는 시푸드

푸라마 리조트 부속 레스토랑으로, 매일 저녁 시푸드 뷔페가 열린다. 보통 호텔 뷔페는 요일별로 테마가 바뀌는 것이 일반적인데, 인도친 레스토랑은 매일 들어오는 신선한 해산물로 준비되는 시푸드 뷔페가 특징이다. 현지 물가에 비하면 다소 비싼 편이나, 랍스터 반 마리가 제공되고 새우, 생선, 조개 등 해산물이 푸짐하며, 애피타이저와 디저트도 종류가 많은 편이다. 또한 약간의 비용을 추가하면 맥주나 와인을 자유롭게 먹을 수 있다. 여행 중 특별한 날을 기념하거나 푸짐한 저녁 식사를 하고 싶다면 가 볼 만한 곳이다. 인원이 많으면 예약하고 가는 것이 좋고, 식사비에 10%의 부가세와 5%의 봉사료가 붙는다.

주소 105 Võ Nguyên Giáp, Khuê Mỹ, Ngũ Hành Sơn, Đà Nẵng 전화 0236 3847 888 시간 18:30~22:00 메뉴 성인 88만 8천 동, 아동(4~12세) 58만 8천 동, 성인(맥주 포함) 106만 8천 동, 성인(와인 포함)126만 8천 동 홈페이지 www.furamavietnam.com/en 위치 미케 비치, 푸라마 리조트 내

더 탑 The Top

MAPECODE 39044

다낭의 핫 플레이스, 루프탑 바

미케 비치의 알라까르테 호텔 23층 루프탑에 위치한 바 & 레스토랑이다. 주변에 높은 건물이 없고 유리로 만든 난간 덕분에 360도 조망할 수 있다. 낮에는 아찔한 높이에서 보는 탁 트인 전망이 멋지고, 밤에는 다낭 시내의 야경이 한눈에 들어온다. 다낭에서 바다가 보이는 가장 높은 위치의 바로, 젊은 사람들 사이에서 다낭의 떠오르는 핫 플레이스이다. 가끔 라이브 공연이나 공개 방송이 열리기도 한다. 새벽 1시까지 운영하며, 호텔 투숙객은 루프탑에 있는 인피니티 수영장을 이용할 수 있다.

주소 200 Võ Nguyên Giáp, Phước Mỹ, Sơn Trà, Đà Nẵng 전화 0236 3959 555 시간 07:00~01:00 메뉴 아이스 카페라테 6만 5천 동, 모히토 13만 5천 동 홈페이지 www.alacartedanangbeach.com 위치 미케 비치 알라까르테 호텔 23층

스카이 36 Sky 36

MAPECODE 39045

다낭에서 가장 높은 곳에 있는 클럽 & 라운지

한강 옆에 위치한 노보텔 다낭 프리미어 한 리버 호텔 36층에 위치한 클럽 & 라운지로, 호텔 1층에서 전용 엘리베이터로 바로 올라갈 수 있다. 총 3개 층으로 되어 있는데, 35층은 라운지, 36층은 스카이 바, 37층은 디너 공간이다. 저녁 7시가 넘으면 야경을 보면서 한잔하려는 사람들로 붐비기 시작하고, 저녁 9시 전후가 피크 타임이다. 오후 10시가 넘으면 주문할 수 있는 메뉴가 제한되고 비싸지기 때문에, 오후 9시 이전에 가서 칵테일을 한잔하고 오는 것을 추천한다. 전망은 좋으나 물가 대비 메뉴 가격이 상당히 비싼 편이다. 드레스 코드가 있어서 반바지, 슬리퍼 등은 입장이 제한될 수 있다.

주소 36 Bạch Đằng, Hải Châu, Q. Hải Châu, Đà Nẵng 전화 0901 1515 36 시간 18:00~03:00 메뉴 칵테일 · 목테일류 39만 동, 비어 20만 동 홈페이지 sky36.vn 위치 다낭 시내, 한강 옆 노보텔 다낭 프리미어 한 리버 호텔 35~37층

워터프론트 바 & 다이닝 Waterfront Bar & Dining

MAPECODE 39046

전망 좋은 이탈리안 레스토랑

한강 옆에 위치한 워터프론트 바 & 다이닝은 낮보다 저녁 시간 더욱 로맨틱해지는 레스토랑이다. 낮에는 가볍게 점심을 먹으러 오는 회사원들이 있고, 저녁에는 식사와 함께 간단히 한잔하러 오는 외국인이 많다. 1층은 문을 다 개방해 두고 음악을 크게 틀어 놓아 라운지 & 바 분위기이고, 2층은 조용하게 식사하는 레스토랑이다. 메뉴는 스프링롤, 반베오 등의 베트남식 요리부터 새우 요리, 샌드위치, 파스타류의 양식까지 메뉴가 다양한 퓨전 레스토랑이다. 스테이크나 립 등의 메인 메뉴도 50만 동 수준으로 음식의 퀄리티 대비 합리적인 수준이다. 엄선된 호주산 소고기만 사용하고 'Wok Tossed Lemongrass Beef'와 'Beef Tenderloin'이 대표 메뉴이다. 매주 금요일 저녁에 1층에서는 작은 라이브 공연이 열리고, 매일 17:30~18:30까지 해피 아워가 있다.

주소 150 Bạch Đằng, Hải Châu, Da Nang, Đà Nẵng 전화 0905 411 734 시간 09:00~23:00 메뉴 Mango-Balsamico Mixed Salad 13만 동, Crispy Pork Belly 9만 동, Grilled King Prawns 11만 5천 동, Waterfront Deluxe Beef Burger 2만 동, Beef Tenderloin 52만 5천 동, 소프트드링크류 3만 동, 라바짜 이탈리안 에스프레소 커피 5만 5천 동, 오렌지 주스 6만 동 홈페이지 waterfrontdanang.com 위치 다낭 시내, 한강 옆 박당 로드(Bạch Đằng) 중간, 한 시장 근처 강변에 위치

Massage
다낭의 마사지

다낭의 마사지 숍은 대부분 최근에 오픈한 곳으로, 예약도 쉽고 픽업 서비스도 있어서 편하게 마사지를 받을 수 있다. 고급스러운 시설과 친절한 서비스로 가성비가 좋다. 매일 다른 마사지 숍을 경험하는 것도 다낭 여행의 즐거움이다.

MAPECODE 39047

다낭 아지트 Da Nang Azit

다낭에서 인기몰이 중인 한국의 마사지 숍

다낭에서 한국 마사지 숍의 인기몰이를 시작한 원조 마사지 숍이다. 빠르고 쉬운 예약과 수준 높은 마사지 실력으로 입소문이 나서 꾸준히 인기 있는 곳이다. 마사지를 받으면 공항으로 가는 시간까지 짐 보관 서비스를 해주고, 쉴 수 있는 라운지 공간도 이용할 수 있다. 무엇보다 꼼꼼하고 시원한 마사지 실력 때문에 단골이 많은 것도 특징이다. 네일도 실력이 좋은 편이어서 네일과 마사지를 한꺼번에 받는 사람도 많다. 마사지 이외에도 기념품 매장, 카페, 한식당도 함께 운영한다.

주소 16 Phan Bội Châu, Thạch Thang, Đà Nẵng 전화 0911 374 016 카카오톡 AZIT84 시간 10:00~22:30 요금 아로마 바디 + 풋 (60분) $18, (90분) $23, (120분) $30 / 어린이 아로마 바디 (60분) $12 / 네일 일반 관리 $6 위치 다낭 시내, 한강 북쪽에 있는 마담란에서 도보로 약 10분

Tip 마사지 후에 팁을 줘야 하나요?

만족스러운 마사지를 받았다면 받은 시간에 따라 $2~3 정도를 마사지사에게 주는 것이 일반적이다. 물론 고맙다는 말과 함께 주면 좋다.

센스 스파 Sense Spa

MAPECODE 39048

시설이 좋고 현지인들에게 꾸준히 인기 있는 마사지 숍

매장 앞에 마사지를 받으러 온 현지인들의 오토바이가 빼곡할 정도로 인기 있는 로컬 마사지 숍이다. 작은 외관에 3층 건물로, 마사지 룸과 샤워 시설 등이 잘 구비되어 있다. 특히 주말은 예약을 안 하면 마사지를 받기 힘들 정도다. 영어와 간단한 한국어가 가능한 직원이 있어 예약이 편리하고, 대성당과 한 시장 근처에서 도보로 찾아갈 수 있는 위치라 이용하기 좋다.

주소 197-199 Trần Phú, Hải Châu, Đà Nẵng 전화 0236 629 8989, 0948 475 354 시간 09:00~22:00 요금 발 마사지 (60분) 25만 동 / 바디 마사지 (60분) 25만 동, (90분) 35만 동 / 핫 스톤 마사지 (75분) 32만 동, (90분) 37만 동 홈페이지 sensespa.com.vn 위치 다낭 시내, 한강 중간 다낭 대성당에서 도보로 약 5분

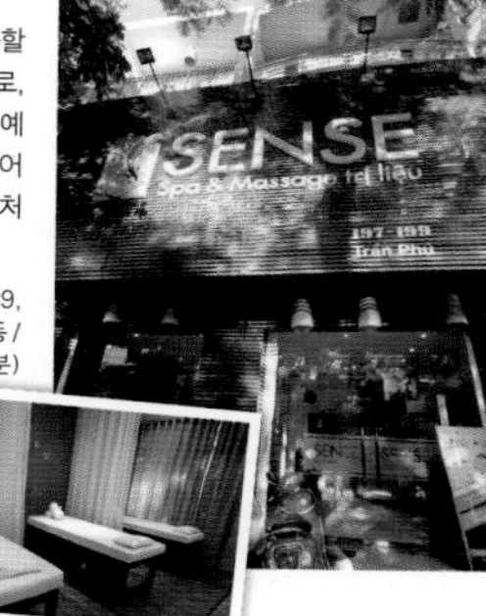

포레스트 스파 Forest Spa

MAPECODE 39049

한국인이 운영하는 대형 스파

프리미어 빌리지 리조트 앞에 위치한 4층 규모의 대형 스파이다. 한국인이 운영하는 스파로, 아지트와 같은 그룹 계열이다. 편안한 스파 리셉션 안내부터 마사지가 끝날 때까지 항상 친절하다. 시설 내에 놀이방이 있어서 아이를 동반하는 가족 여행객도 편하게 마사지를 받을 수 있다. 규모가 커서 많은 인원도 한 번에 마사지를 받을 수 있으며, 마사지와 네일을 같이 받으면 가격이 10% 할인된다. 약간의 픽업비를 지불하면 다낭 지역 내 픽업도 가능하다. 마사지를 받고 공항으로 가기 전까지 짐을 보관해 주는 서비스도 제공한다.

주소 396, Võ Nguyên Giáp, Mỹ An, Ngũ Hành Sơn, Đà Nẵng 전화 0236 3552 171 카카오톡 forest03 시간 10:00~23:00 요금 포레스트 아로마 마사지 60분 $19(팁 $2), 90분 $23(팁 $3), 120분 $29(팁 $4) / 아로마 스톤 마사지 90분 $24(팁 $3), 120분 $30(팁 $4) / 키즈 마사지 60분 $13(팁 $2), 90분 $18(팁 $3) / 임산부 마사지 $19(팁 $2), 90분 $23(팁 $3), 120분 $29(팁 $4) / 발 마사지 60분 $19(팁 $2), 90분 $23(팁 $3) 위치 미케 비치, 프리미어 빌리지 리조트 맞은편

MAPECODE 39050 39051

살렘 스파 Salem Spa

호텔 스파 못지않은 고급스러운 로컬 스파

호텔 스파같은 고급스러운 시설에서 수준 높은 서비스를 받을 수 있는 로컬 스파이다. 250여 평의 넓은 공간과 45개의 마사지 베드가 있는 초대형 규모이며, 개별 스파룸은 조용하고 프라이빗하다. 캔들 마사지와 포핸드 마사지, 임산부 마사지 등의 다양한 프로그램으로 선택의 폭이 넓은 것도 살렘 스파의 인기 비결이다. 참 박물관 근처의 1호점과 롯데 마트 근처의 가든 지점이 있다.

주소 06 Nguyễn Thiện Thuật, Hải Châu, Đà Nẵng 전화 0236 383 2036 시간 11:00~20:00 요금 Pregnancy Calming Massage(60분) 30만 동 / Detoxing & Healing Hot Stone Body Massage(75분) 35만 동 / Candle Nourishing Massage(60분) 35만 동 / Massage with Manuka Lotion(60분) 35만 동 / 4 Hands Special Massage(60분) 50만 동 / Foot Massage(60분) 30만 동 / Vietnam Traditional Massage(60분) 30만 동 홈페이지 salemspa.com.vn 이메일 salemspa.danang@gmail.com 위치 참 박물관에서 롯데 마트 방향 도보 약 10분 거리

가든 지점

주소 528 2 Tháng 9, Hải Châu, Đà Nẵng 전화 0236 363 8888 시간 11:00~20:00 위치 한강 남쪽 롯데마트에서 공항 방향 도보 약 10분 소요

MAPECODE 39052

노아 스파 Noah Spa

수준 높은 마사지의 스파 숍

다낭 마사지 숍 중 늦게 시작했지만 입소문을 타고 빠르게 알려지기 시작했다. 필리핀 세부에서 시작하여 경력 10년이 넘는 테라피스트들로 구성되어 마사지의 수준이 높은 편이다. 다른 한국 마사지 숍들과 비교해서 다소 비싼 편이나, 시설과 서비스 그리고 마사지 실력은 호텔 스파 못지않다.

주소 Lô C1-21 Phạm Văn Đồng, P. An Hải Bắc, Q. Sơn Trà, TP. Đà NẵnG 전화 0236 3939 499, 0911 705 000 카카오톡 Noahspa 시간 10:00~22:30 요금 풋 리투얼(60분) $23 / 아로마 테라피(60분) $23 / 임산부 마사지(60분) $23 / 키즈 마사지(60분) $15 / 핫 스톤 마사지(90분) $29 홈페이지 noahspa.vn 위치 다낭 시내, 미케 비치와 한강 중간, 빈컴 플라자에서 도보로 약 8분 소요

이바나 스파 EVANA Spa

MAPECODE 39053

필리핀 세부에서 유명한 웰빙 스파

필리핀 세부에서 유명한 이바나 스파가 2017년 8월 다낭에도 문을 열었다. 이바나EVANA는 산스크리트어로 '숲'이라는 의미이며, 이름과 어울리게 모든 마사지는 호이안에서 만드는 식물성 오일에 천연 아로마 오일을 블렌딩해서 사용한다. 모든 마사지 룸은 개별룸으로, 화장실과 욕실이 있어 간단한 샤워도 가능하다. 그리고 다낭 시내 지역에 한하여 추가 비용을 내고 픽업 서비스를 이용할 수 있으며, 마사지를 받을 동안 아이를 봐주는 베이비 시터(유료) 서비스도 제공한다. 네이버 카페나 카카오톡으로 예약 시 할인받을 수 있고, 2인 & 90분 이상 예약 시 픽업은 무료다. 마사지 후 60분 팁 $2는 별도다.

주소 Hòa Hải, Ngũ Hành Sơn, Đà Nẵng 전화 0126 209 9007 카카오톡 evanadanang 시간 10:30~23:00(마지막 마사지 22:00) 요금 아로마 마사지 (60분) 54만 동, (90분) 67만 동 / 드라이 마사지 (60분) 54만 동, (90분) 67만 동 / 임산부 마사지(60분) 54만 동 / 차일드 마사지(60분, 만 12세까지) 38만 동, (90분) 51만 동 / 핫스톤 마사지(90분) 74만 동 / 베이비 시터(60분, 24개월까지) 29만 동 홈페이지 cafe.naver.com/maisondecebu/6373 위치 논느억 비치, 멜리아 리조트 옆

랑데뷰 바이 참 스파 & 마사지 Rendéz-Vous By Charm Spa & Massage

MAPECODE 39054 39055

대나무를 이용한 뱀부 마사지

랑데부 스파는 기존의 호텔 건물을 리노베이션하여 규모가 상당하다. 화려한 외관뿐만 아니라 스파 리셉션에서부터 스파 룸까지 인테리어에 상당한 신경을 썼다. 마사지 룸은 개별 샤워실을 구비한 단독 룸이 있어 프라이빗하고 편하게 마사지를 받을 수 있다. 대나무를 사용한 마사지가 대표 마사지이다. 한강 근처 콩 카페 옆과 미케 비치에 각각 지점이 있다.

주소 8 Dương Tự Minh, Sơn Trà, Đà Nẵng 전화 0236 3689 689 시간 09:00~23:00 요금 Traditional Vietnamese Massage(90분) 52만 동 / Thai Therapy(90분) 52만 동 / Rendezvous Shiatsu Bamboo Massage(90분) 59만 동 / Japanese Shiatsu Therapy(90분) 50만 동 / Foot Massage (60분) 40만 동 위치 미케 비치, 알라까르테 호텔 뒤편

한 시장 지점

주소 Tầng 2, 100-102 Bạch Đằng ,Hải Châu 1, Hải Châu, Đà Nẵng 전화 0236 361 6611 위치 다낭 시내 한 시장 옆

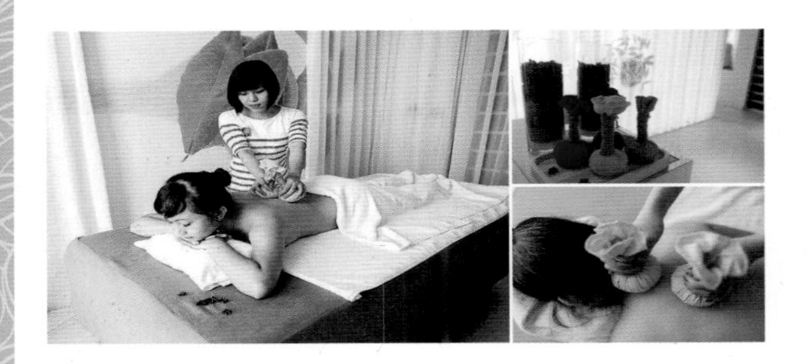

스파이스 스파 Spice Spa

MAPECODE 39056

전망이 좋고, 가성비가 훌륭한 호텔 스파

미케 비치에 있는 알라까르테 호텔 부속 스파로, 루프탑 수영장 한층 아래인 22층에 있어 스파를 즐기며 멋진 전망을 볼 수 있다. 1시간에 약 3~4만 원 정도로, 호텔 스파임에도 저렴한 가격과 만족스러운 실력으로 인정받고 있는 곳이다. 사우나실은 유리 벽으로 되어 있어 아찔한 전망이다. 투숙객 외에도 현지인들의 방문이 많아서 예약은 필수이다.

주소 200 Võ Nguyên Giáp, Phước Mỹ, Sơn Trà, Đà Nẵng 전화 0236 3959 555(교환 110) 시간 10:00~23:00 메뉴 바디 마사지, 타이 마사지, 오일 마사지, 발 마시지, 등 마사지 (60분) 80만 동 / 네일 (45분) 40만 동 홈페이지 www.alacartedanangbeach.com 이메일 spice@alacartedanangbeach.com 위치 미케 비치, 알라까르테 호텔 22층

한 헤리티지 스파 HARNN Heritage Spa

MAPECODE 39057

태국의 명품 스파 제품을 이용하는 곳

한 헤리티지 스파는 인터콘티넨탈 리조트의 부속 스파이다. 한Harnn은 태국의 명품 스파 브랜드로 인터콘티넨탈 리조트의 샴푸, 트리트먼트 등의 객실 비품이 모두 '한' 제품이다. 2015~2016년 세계 스파 어워드에서 수상할 만큼 한 헤리티지 스파는 아시아에서 손꼽히는 최고급 스파이다. 스파 로비는 리조트 해변 레벨에 위치해 있고, 버기를 타고 독립된 스파 빌라로 이동한다. 모든 스파룸은 단독 빌라로 되어 있고 개별 샤워실과 테라스까지 갖추고 있어 프라이빗하고 편안한 스파를 받을 수 있다. 시즌별로 투숙객에게 할인 행사가 있어 투숙객이라면 확인하고 이용하는 것이 좋다. 한 스파 제품도 판매한다. 요금에 10%의 부가세와 5%의 봉사료가 붙는다.

주소 Bãi Bắc, Bán Đảo Sơn Trà, Đà Nẵng 전화 0236 393 3333 시간 09:00~20:00 메뉴 Traditional Vietnamese Therapy (60분) 250만 동, (90분) 350만 동 / Siamese Aromatic Body Therapy (60분) 250만 동, (90분) 350만 동 / Oriental Foot Massage (60분) 250만 동 / Journey of the Marble Mountains (180분) 680만 동 / Journey of the Siamese Jasmin (180분) 650만 동 홈페이지 danang.intercontinental.com/kr 위치 손짜반도, 인터콘티넨탈 리조트 내

Sleeping
다낭의 숙소

2012년 다낭 국제공항이 오픈한 후, 다낭에는 매일 새로운 호텔들이 들어서고 있다. 세계적인 호텔 체인부터 베트남 브랜드까지, 30km의 미케 비치를 빼곡하게 채워 가고 있는 호텔과 리조트가 많아 여행객들이 숙소를 선택하기 힘들 정도다. 또한 한강 주변의 숙소도 실내 풀을 갖춘 곳이 많아 매력적이다.

인터콘티넨탈 선 페닌술라 다낭 Intercontinental Sun Peninsula Danang MAPECODE 39058

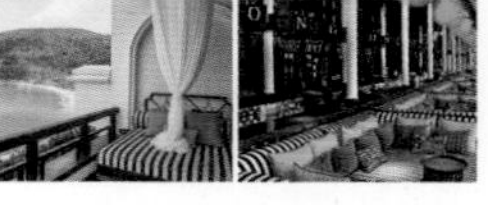

세계적인 리조트 건축가 빌 벤틀리의 걸작

다낭 손짜반도에 위치한 인터콘티넨탈은 몽키 마운틴으로 둘러싸인 산비탈에 있으며, 700m 길이의 전용 해변을 가진 고급 리조트이다. 세계적인 리조트 건축가 '빌 벤틀리'가 설계했으며, 객실부터 레스토랑까지 각기 다른 스토리로 리조트에 생명을 불어넣었다. 로비가 있는 산 정상부터 해변까지 산비탈을 따라 총 4개의 구역(바다Sea, 땅Earth, 하늘Sky 천국Heaven)으로 나뉘며, 아찔한 케이블 엘리베이터를 타고 각 구역에 도달할 수 있다. 전 객실에 있는 테라스에서 탁 트인 바다 전망이 가능하다.

특히 투숙객들을 위한 다양한 액티비티 프로그램(베트남 전통 등 만들기, 몽키 마운틴 트레킹, 베트남 전통 고깃배 타기 등)을 운영하는데, 매일 제공되는 시간표를 참고하여 참여해 보자. 베트남 전통 모자 논을 모티브로 한 시트론 레스토랑의 야외 좌석은 아찔한 전망을 자랑하며, 이미 SNS에서 소문난 핫 플레이스다.

주소 Bãi Bắc, Bán Đảo Sơn Trà, Đà Nẵng 전화 0236 3938 888 요금 $600~ 홈페이지 www.danang.intercontinental.com 위치 손짜반도, 다낭 국제공항에서 차로 약 25분 소요

퓨전 마이아 다낭 Fusion Maia Da Nang

MAPECODE 39059

올 인클루시브 스파 프로그램을 즐길 수 있는 곳

미케 비치 중앙의 넓은 부지에 자리 잡은 퓨전 마이아는 정원이 아름답고 조용한 리조트이다. 이곳의 특징은 아시아 최초로 'All-Inclusive Spa' 프로그램을 도입하여, 모든 투숙객에게 매일 2번의 스파가 제공된다는 것이다. 이곳의 스파는 16개의 트리트먼트 룸과 뷰티 살롱, 스파 풀장 등을 갖춘 웅장한 규모를 자랑한다. 그리고 'Anytime Anywhere Eat'라는 차별화된 조식 프로그램을 통해 투숙객이 하루 중 어느 때나 조식을 먹을 수 있도록 한다. 전 객실 풀 빌라로 개인 수영장과 정원이 있고, 2~3 베드룸 풀 빌라에는 간이 주방 시설까지 갖춰져 있다. 총 87채의 빌라가 있다.

주소 Võ Nguyên Giáp, Q. Ngũ Hành Sơn, Đà Nẵng 전화 0236 3967 999 요금 $500~ 홈페이지 maiadanang.fusion-resorts.com 위치 미케 비치, 다낭 국제공항에서 차로 약 15분 소요

프리미어 빌리지 다낭 리조트 Premier Village Da Nang Resort

MAPECODE 39060

대가족 여행 시 추천하는 리조트

전 객실이 3~5 베드룸을 가지고 있는 독채 풀 빌라로, 가장 작은 규모의 3 베드룸 풀 빌라가 약 100평 정도로 상당히 넓다. 각 빌라에는 넓은 객실과 개별 욕실 및 주방 시설 그리고 식사를 할 수 있는 다이닝 공간이 있다. 특히 모든 빌라는 개별 수영장을 갖추고 있어 프라이빗한 시간을 보낼 수 있다. 프리미어 빌리지 내에는 2개의 레스토랑과 1개의 라운지 바가 있으며, 사전에 요청하면 빌라 안에서 바비큐도 직접 만들어 먹을 수 있도록 준비해 준다.

미케 비치를 마주 보고 있는 50m가 넘는 메인 수영장은 로커와 샤워 시설을 갖추고 있으며, 빌라 한 동을 개조해서 만든 키즈 클럽도 있어 아이들이 넓은 공간에서 편안하게 놀 수 있다. 리조트 건너편에 다양한 식당과 펍, 마사지 숍 등이 있어 이용이 편리하다.

주소 99 Võ Nguyên Giáp, Phước Mỹ, Ngũ Hành Sơn, Đà Nẵng 전화 0236 391 9999 요금 $500~ 홈페이지 premier-village-danang.com/ko 위치 미케 비치, 다낭 국제공항에서 차로 약 15분 소요

나만 리트리트 다낭 Naman Retreat Da Nang

MAPECODE 39061

매일 스파가 제공되는 리조트

인터콘티넨탈 그리고 퓨전 마이아와 더불어 다낭의 3대 리조트 중 하나이다. 모던한 인테리어와 넓은 부지 그리고 무엇보다도 전 투숙객에게 매일 스파 1회(50분)가 제공되면서도 합리적인 객실료가 인기의 비결이다. 베트남의 대표 산업인 쌀과 벼를 모티브로 한 Hay Hay Hay 레스토랑과 바다 바로 앞에 위치하여 탁 트인 전망의 라운지 B 레스토랑이 있다.

일반 객실부터 3 베드룸 풀 빌라까지 다양한 룸 카테고리가 있어, 신혼여행부터 대가족 여행까지 다양한 선택이 가능하다. 2개의 메인 수영장과 키즈 클럽 등이 있으며, 매일 오전에 요가 클래스(무료)를 진행하고, 호이안 올드 타운까지 셔틀도 운행한다.

주소 TĐường Trường Sa, Quận Ngũ Hành Sơn, Đà Nẵng 전화 0236 3959 888 요금 $300~ 홈페이지 www.namanretreat.com/en/retreat 위치 논느억 비치, 다낭 국제공항에서 차로 약 25분 소요

하얏트 리젠시 다낭 리조트 & 스파 Hyatt Regency Da Nang Resort & Spa MAPECODE 39062

가족 단위 여행객들의 인기 리조트

미케 비치 남단의 논느억 비치에 위치한 고급 리조트로, 가까운 거리에 오행산과 다낭 CC 그리고 몽고메리 링크스가 있다. 축구장 14배에 달하는 부지에는 약 400여 개의 객실과 5개의 레스토랑, 5개의 수영장 그리고 스파와 키즈 클럽 등을 갖추고 있다.

리조트는 호텔과 간이 주방 시설을 갖춘 레지던스 그리고 개인 수영장을 갖춘 독채 풀 빌라 등 다양한 객실을 보유하고 있으며, 하얏트 자체의 모던한 감각과 베트남의 디자인 요소를 가미시킨 인테리어가 인상적이다. 특히 어린이를 위한 '캠프 하얏트'라는 프로그램이 있어 아이가 있는 여행객들에게 인기 리조트이다.

주소 5 Truong Sa, Hòa Hải, Ngũ Hành Sơn, Đà Nẵng 전화 0236 398 1234 요금 $250~ 홈페이지 danang.regency.hyatt.com 위치 미케 비치, 다낭 국제공항에서 차로 약 20분 소요

푸라마 리조트 Furama Resort

MAPECODE 39063

잘 가꿔진 정원이 아름다운 리조트

다낭에서 가장 먼저 미케 비치에 자리 잡은 푸라마 리조트는 자연에 테마를 둔 리조트이다. 잘 가꾸어진 정원 사이에 있는 라군 수영장, 바다를 정면으로 마주하는 비치 수영장이 있다. 그리고 전 객실은 넓은 테라스를 갖추고 있어, 잘 가꿔진 아름다운 정원과 바다를 볼 수 있다. 푸라마 리조트의 내부는 베트남 스타일의 가구와 콜로니얼풍의 건축 양식이 오묘한 조화를 이루며, 다른 리조트와 차별되는 푸라마만의 특색을 보여 준다. 리조트 이외에도 3~5 베드룸으로 이루어진 독채 풀 빌라도 있다. 3개의 레스토랑과 2개의 바 그리고 1개의 라운지가 있으며, 특히 카페 인도친 레스토랑Café Indochine은 매일 저녁에 열리는 시푸드 뷔페로 유명하다.

주소 105 Võ Nguyên Giáp, Khuê Mỹ, Ngũ Hành Sơn, Đà Nẵng 전화 0236 3847 333, 0236 3847 888 요금 $250~ 홈페이지 www.furamavietnam.com 위치 미케 비치, 다낭 국제공항에서 차로 약 14분 소요

풀만 다낭 비치 리조트 Pullman Da Nang Beach Resort

MAPECODE 39064

넓은 부지에 한적하고 조용한 리조트

풀만 다낭 비치 리조트는 최근 2015년에 리노베이션을 했다. 리조트 중앙을 가로지르는 긴 물길이 인상적인 리조트는 상당히 넓은 부지에 비해 객실 수가 적어, 한적하고 조용하다. 이 리조트는 약 190여 개의 객실이 있고, 전 객실에 발코니가 있어 정원과 바다 조망이 가능하다. 프리미어 빌리지와 푸라마 리조트 중간에 있으며, 리조트 주변으로 마사지 숍과 레스토랑 등이 많아 접근성이 좋다. 그 밖에 스파, 야외 수영장, 테니스 코트, 비즈니스 센터 등 부대시설이 마련되어 있다. 가족 여행객들을 위하여 키즈 클럽을 운영 중이고, 호이안 올드 타운까지 셔틀을 제공한다.

주소 101 Võ Nguyên Giáp, Khuê Mỹ, Ngũ Hành Sơn, Đà Nẵng 전화 0236 395 8888 요금 $190~ 홈페이지 www.pullmanhotels.com/Danang 위치 미케 비치, 다낭 국제공항에서 차로 약 14분 소요

퓨전 스위트 다낭 비치 Fusion Suite Da Nang Beach

MAPECODE 39065

고급 레지던스형 호텔

6개의 펜트하우스를 포함, 총 129개의 객실을 보유한 레지던스형 호텔이다. 넓고 쾌적한 객실에는 각종 주방 시설이 갖춰진 간이 주방도 마련되어 있어 편리하다. 루프탑 라운지, 1개의 레스토랑, 비치 바 클럽, 피트니스 센터가 있으며, 길 건너편 미케 비치에는 오션 프론트 수영장이 있다. 매일 요가 프로그램(무료)이 있으며, 투숙 조건에 따라서 매일 30분씩 발 마사지가 제공된다.

주소 An Cu 5, Võ Nguyên Giáp, Mân Thái, Sơn Trà, Đà Nẵng 전화 0236 391 9777 요금 $150~ 홈페이지 fusionsuitesdanangbeach.com 위치 미케 비치, 다낭 국제공항에서 차로 약 18분 소요

사노우바 다낭 호텔 Sanouva Da Nang Hotel

MAPECODE 39066

접근성이 뛰어난 다낭 시내의 호텔

고풍스러운 인테리어와 깔끔하고 넓은 객실 그리고 투숙 조건에 따라서 매일 30분씩 마사지를 무료로 제공하고 있어, 단시간에 다낭의 인기 호텔로 부상했다. 다낭 한강 옆의 시내 중심에 위치하고 있어 다낭 대성당, 한 시장, 까오다이교 사원 등의 시내 명소까지 몇 분 안에 걸어갈 수 있는 것도 인기의 비결이다. 밤늦게 다낭에 도착하거나 시내에서 도보로 이동할 때 좋은 호텔이다.

주소 Số 68, đường Phan Châu Trinh, quận Hải Châu, Đà Nẵng 전화 0236 382 3468 요금 $60~ 홈페이지 www.sanouvadanang.com 위치 다낭 시내, 다낭 국제공항에서 차로 약 10분 소요

그랜드브리오 시티 다낭 Grandvrio City Da Nang

MAPECODE 39067

다낭 시내에서 가성비가 좋은 호텔

2016년 12월에 오픈한 호텔로, 다낭 시내 한강 북쪽에 위치한 호텔이다. 호텔은 'ㅁ'자로 생긴 독특한 구조이며, 건물 중앙에 야외 수영장이 있고, 1층에 남녀 각각 이용할 수 있는 대욕장이 있다. 대욕장은 일본의 료칸과 같은 구조로, 내부에 로커와 큰 대중목욕탕이 있다. 투숙객에게는 무료고, 외부인은 추가 요금을 지불해야 사용할 수 있다. 마담란 레스토랑에서 도보로 5분 거리로 가깝고, 마사지 숍 다낭 아지트도 도보로 찾아갈 수 있는 거리다. 새벽 비행기로 다낭에 도착하거나 다낭에서 하루 정도 머문다면, 가격 대비 시설이 좋은 호텔이다.

주소 1 Đống Đa, Thuận Phước, Hải Châu, Đà Nẵng 전화 0236 3833 300 요금 $80~ 홈페이지 www.grandvriocitydanang.com 위치 다낭 시내, 다낭 국제공항에서 차로 약 14분 소요

알라까르테 다낭 비치 A La Carte Da Nang Beach

MAPECODE 39068

루프탑 수영장으로 유명한 레지던스형 호텔

미케 비치 맞은편에 위치한 알라까르테는 전 객실에 전자레인지와 인덕션 등을 갖춘 레지던스형 호텔이다. 대부분의 객실에서 미케 비치를 조망할 수 있으며, 특히 23층에 위치한 인피니티 수영장에서는 다낭 시내와 미케 비치를 모두 볼 수 있는 탁트인 전망이 인상적이다. 수영장 옆에 위치한 루프탑 바는 다낭의 핫 플레이스로, 저녁 시간 현지 젊은이들의 모임 장소로 유명하다. 1~3 베드룸까지 다양한 객실 타입으로 커플 여행, 가족 여행객 모두에게 편리하다. 호텔의 맞은편이 미케 비치로 해변의 접근성이 좋고, 그 주변에는 다낭의 유명한 시푸드 레스토랑들이 모여 있어 편리하다.

주소 200 Võ Nguyên Giáp, Phước Mỹ, Sơn Trà, Đà Nẵng 전화 0236 3959 555 요금 $120~ 홈페이지 www.alacartedanangbeach.com 위치 미케 비치, 다낭 국제공항에서 차로 약 10분 소요

노보텔 다낭 프리미어 한 리버 호텔 Novotel Da Nang Premier Han River Hotel MAPECODE 39069

스카이 36이 위치한 전망 좋은 호텔

다낭의 한강 옆에 위치한 호텔로, 다낭 국제공항에서 차로 약 15분 거리다. 또한 한 시장과 다낭 대성당도 도보로 갈 수 있어 접근성이 좋은 호텔이다. 한강이 한눈에 내려다보이는 멋진 전망과 고급스러운 룸 컨디션으로 다낭 시내 호텔 중에서는 고급 호텔에 속한다. 다낭 시내에서 룸 컨디션이 좋은 호텔을 찾는 사람들에게 적당한 호텔이다. 호텔 36층에 위치한 스카이 36 루프탑 바로 유명하기도 하다.

주소 36 Bạch Đằng, Hải Châu, Q. Hải Châu, Đà Nẵng 전화 0236 392 9999 요금 $130~ 홈페이지 www.novotel-danang-premier.com 위치 다낭 시내, 다낭 국제공항에서 차로 약 15분 소요

코코베이 호텔 & 엔터테인먼트 콤플렉스 Cocobay Hotels & Entertainment complex MAPECODE 39070

다낭의 초대형 리조트 단지

베트남 최대 투자 그룹인 엠파이어 그룹에서 다낭에 짓고 있는 약 4천여 객실 규모의 초대형 리조트 단지이다. 싱가포르 센토사섬을 모티브로 호텔, 엔터테인먼트 홀, 레스토랑을 모두 갖춘 복합 단지를 목표로 한다. 2017년 8월 기준 뮤즈Muze, 비쥬Bisou 부티크 호텔이 오픈하고, 하반기에는 천여 개의 객실이 추가로 오픈한다. 10개가 넘는 호텔과 리조트뿐만 아니라 세계적인 공연과 이벤트를 할 수 있는 초대형 공연장도 들어선다.

주소 Trường Sa, Hòa Hải, Ngũ Hành Sơn, Đà Nẵng 요금 $80~ 홈페이지 cocobay.vn 위치 미케 비치, 나만 리트리트 리조트 맞은편, 다낭 국제공항에서 차로 약 14분 소요

올드 타운에서 만나는 과거로의 여행과 아름다운 해변에서의 휴양

시간이 멈춘 듯 이국적인 구시가지의 풍경을 간직한 호이안은, 더 이상 다낭 여행 중에 잠시 들러 가는 여행지가 아니다. 낮에는 새롭게 떠오르는 해변인 안방 비치와 끄어다이 비치에서 휴양을 즐기고, 밤에는 호이안 올드 타운의 골목골목을 돌아다니며 과거로 시간 여행을 떠날 수 있으며, 맛집을 탐방하듯 돌아볼 수도 있다. 물론 알록달록 색등이 물드는 투본강에서 소원 배를 띄우는 것도 꼭 해봐야 할 일이다. 다른 지역에 비해 투어 상품도 많아 여행자들이 다양하고 알차게 하루를 보낼 수 있다. 빠져나올 수 없는 매력을 지닌 호이안 올드 타운으로 떠나 보자.

호이안에서 놓치지 말아야 할 것!

❶ 다양한 해양 스포츠가 있는 안방 비치
❷ 호이안 3대 로컬 푸드인 화이트로즈, 호안탄찌엔, 까오러우
❸ 구석구석 돌아볼수록 매력적인 호이안 올드 타운
❹ 호이안의 전통배 타기와 즐거운 쿠킹 클래스

Hoi-An Information

호이안 지역 정보

개요

호이안은 동베트남해 연안에 위치한 소도시로, 15~17세기 동안 해상 무역의 거점으로 번성했던 곳이다. 호이안 올드 타운은 동남아시아의 국제 무역항의 모습이 잘 보존되어 있어, 1999년 유네스코 세계문화유산으로 지정되었다. 호이안은 2013년 다낭 국제공항이 개항한 이후, 다낭과 함께 여행객들의 발길이 이어지고 있다.

위치

베트남 중부에 위치한 호이안은 다낭에서 약 30km 떨어져 있으며, 투본강 Sông Thu Bồn 과 동베트남해가 만나는 곳에 있다.

면적, 인구

면적은 약 60km^{2}로 작은 도시이며, 인구는 2017년 기준으로 약 12만 명이다.

올드 타운 통합 입장권

호이안 올드 타운으로 들어가려면 입장권을 끊어야 하는데, 올드 타운 입구마다 매표소가 있다. 통합 입장권을 구입하면 올드 타운 내 박물관과 고가 등의 다양한 관광지 중 5곳을 선택해 입장할 수 있는 입장권이 포함된다. 때문에 올드 타운 방문 시, 가야할 곳을 미리 체크하고 가는 것이 좋다. 통합 입장권 요금은 12만 동이고, 24시간 동안 사용할 수 있다.

호이안 인포메이션 센터

주소 62 Bạch Đằng, Minh An, Tp. Hội An, Quảng Nam 전화 0235 391 6262 위치 호이안 민속 박물관 입구 안쪽

호이안의 교통

호이안에는 공항과 기차역이 없어 가장 가까운 다낭 공항과 다낭 기차역을 이용해야 한다. 다낭 국제공항에서 호이안까지 약 1시간 정도 소요된다.

호이안 익스프레스 Hoian Express

다낭 국제공항에서 호이안까지 운행하는 셔틀로, 05:00~23:00까지 매시간 운행한다. 이용은 사전 예약제로 홈페이지 또는 이메일로 예약하면 된다. 성인 기준 1인 요금이 11만 동(편도)이고, 단독 차량은 승용차 기준 약 38만~50만 동이다.

전화 083 547 0787, 083 547 0785 **홈페이지** hoianexpress.com.vn/ha **예약** dailytour@hoianexpress.com.vn

다낭 국제공항에서 호이안의 호텔로 이동하거나 호이안 시내에서 이동할 때 편리하게 이용할 수 있는 교통수단이다. 다낭의 택시 회사인 비나선Vinasun, 마이린Mailinh, 티엔사Tien Sa 등이 호이안에서도 운행한다. 택시의 기본요금은 차종과 택시 회사에 따라서 다르게 책정되어 있다. 첫 1km까지는 5천 8백 동~7천 동, 2km~30km까지는 1만 5천 동~1만 7천 동이며, 30km 이상을 이동할 때는 흥정하는 것이 더 저렴하다. 다낭 국제공항의 톨게이트 비용은 약 1만 5천 동이고, 탑승객 부담이다.

올드 타운 주변, 안방 비치, 호텔 앞 등에 택시들이 대기하고 있어서 택시 타기는 어렵지 않다. 단, 호이안 올드 타운 내에는 택시가 들어갈 수 없다.

지역 간 예상 택시비

다낭 국제공항 - 호이안	35만~40만 동
호이안 - 선 월드 바나힐	80만 동(대기할 경우, 대기비 별도)
호이안 - 미선 유적지	80만~90만 동

사전 예약을 하면 공항 도착 시간에 맞춰 나와 있어 편리하게 이용할 수 있다. 공항에 새벽에 도착하거나 인원이 많을 경우 또는 선 월드 바나힐, 미선 유적지와 같이 먼 거리를 이동할 때 이용하면 편리하다. 7인승부터 35인승까지 있고, 요청하면 카시트 등도 함께 빌릴 수 있다.

몽키 트래블

전화 0236 3817 576, 070 8614 8138(한국)
홈페이지 vn.monkeytravel.com

롯데 렌트카 다낭 지점*

전화 0236 391 8000, 070 7017 7300(한국)
홈페이지 cafe.naver.com/rentacardanang

다낭 보물창고

전화 012 6840 4389, 070 4806 8825(한국)
홈페이지 cafe.naver.com/grownman
카카오톡 kanggunmo84

호이안의 많은 호텔이 호텔 차량으로 다낭 국제공항과 호텔 간 픽업 서비스를 제공한다. 택시보다 약간 비싼 가격이지만, 예약된 시간에 공항으로 직접 마중 나오고 호텔로 바로 이동해서 편리하다. 호텔 예약 시, 직접 메일을 보내서 예약하고 이용하면 된다.

요금 1대당 $30~40(다낭 국제공항 → 호이안의 호텔, 편도)

기타 교통수단

자전거

호이안 올드 타운 안으로는 오토바이나 차량이 들어갈 수 없기 때문에, 호이안의 호텔들은 자전거를 빌려주는 경우가 많으며 사설로 자전거를 빌려주는 업체도 있다. 올드 타운에서 끄어다이 비치까지 약 7km 거리인데, 자전거를 타고 이동하는 여행객도 많다. 단, 도로가 좁고 차량과 함께 다니기 때문에 주의가 필요하다.

시클로

올드 타운을 가장 빠르고 편하게 돌아보는 방법은 시클로를 타고 돌아보는 방법이다. 내원교와 안호이An Hoi 다리 주변에서 세워 놓은 시클로를 많이 볼 수 있는데, 보통 20만 동 정도의 가격으로 흥정하면 된다. 더운 날씨에 편하게 호이안을 돌아볼 수 있어 나이가 있으신 분들에게 인기 있다. 단, 중간에 내리지 않기 때문에 호이안을 꼼꼼히 보기는 힘들다.

셔틀버스

호이안 대부분의 호텔들은 호텔 - 올드 타운, 호텔 - 안방 비치 간 셔틀을 운행한다. 오전 9시부터 오후 6시까지 비교적 자주 운행하는데, 호텔 셔틀을 잘 활용하면 편하고 안전하게 이동할 수 있다. 단, 미리 예약해야 하며 인원이 많을 경우 탑승에 제한이 있을 수 있다. 셔틀 시간에 일정을 맞추기 어렵다면 호텔에서 빌려주는 자전거를 이용하거나, 먼 거리는 택시를 이용하면 된다.

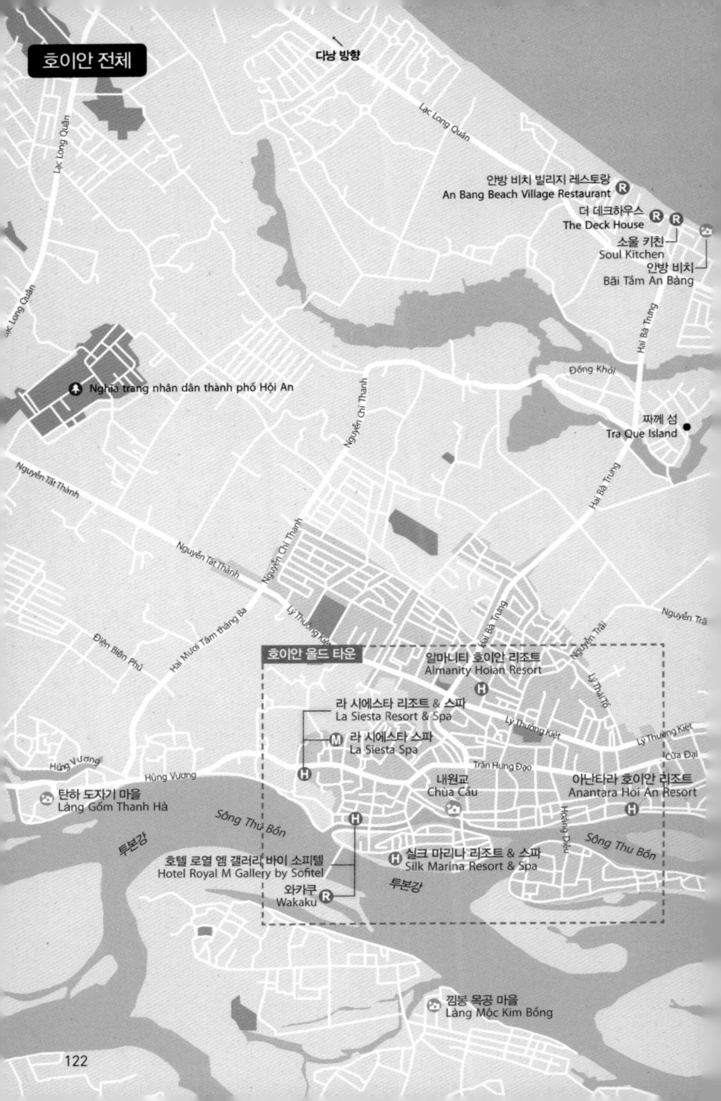

호이안 전체
다낭 방향
Lạc Long Quân
Lạc Long Quân
Lạc Long Quân
안방 비치 빌리지 레스토랑
An Bang Beach Village Restaurant
더 데크하우스
The Deck House
소울 키친
Soul Kitchen
안방 비치
Bãi Tắm An Bàng
Hai Bà Trưng
Đống Khởi
짜께 섬
Tra Que Island
Nghĩa trang nhân dân thành phố Hội An
Nguyễn Chí Thanh
Nguyễn Tất Thành
Nguyễn Tất Thành
Hai Bà Trưng
Nguyễn Chí Thanh
Lý Thường Kiệt
Hai Mươi Tám tháng Ba
Điện Biên Phủ
Hai Bà Trưng
Nguyễn Trãi
Nguyễn Trã
호이안 올드 타운
알마니티 호이안 리조트
Almanity Hoian Resort
Lý Thái Tổ
라 시에스타 리조트 & 스파
La Siesta Resort & Spa
라 시에스타 스파
La Siesta Spa
Lý Thường Kiệt
Lý Thường Kiệt
Cửa Đại
Trần Hưng Đạo
Hùng Vương
Hùng Vương
내원교
Chùa Cầu
아난타라 호이안 리조트
Anantara Hoi An Resort
탄하 도자기 마을
Làng Gốm Thanh Hà
Sông Thu Bồn
투본강
Hoàng Diệu
Sông Thu Bồn
호텔 로열 엠 갤러리 바이 소피텔
Hotel Royal M Gallery by Sofitel
실크 마리나 리조트 & 스파
Silk Marina Resort & Spa
투본강
와카쿠
Wakaku
낌봉 목공 마을
Làng Mộc Kim Bồng

부티크 호이안 리조트
Boutique Hoi An Resort
Lạc Long Quân
끄어다이 비치
Bãi Tắm Cửa Đại
팜가든 비치 리조트 앤 스파
Palm Garden Beach Resort & Spa
Trương Minh Hùng
빅토리아 호이안 리조트
Victoria Hoi An Beach Resort
Âu Cơ
Cửa Đại
골드 샌드 리조트
Golden Sand Resort
선라이즈 프리미엄 리조트
Sunrise Premium Resort
Cửa Đại
Tống Văn Sương
Huỳnh Thị Lựu
빈펄 호이안 리조트 & 빌라스
Vinpearl Hoi An Resort & Villas
호이안 에코 투어
Hoi An Eco Tour
끄어다이 선착장
(참섬 투어 출발지)
Trần Nhân Tông
Trần Nhân Tông
Sông Thu Bồn
Cầu Cửa Đại

호이안 올드 타운
호이안 수상 인형극
Nhà Hát Hội An
퍼시픽 병원
Pacific Hospital
마이치 스파
My Chi Spa
알마니티 호이안 리조트
Almanity Hoi An Reso
EMM 호텔 호이안
EMM Hotel Hoi An
화이트로즈 스파
White Rose Spa
신 투어리스트 여행사
팔마로사 스파
Palmarosa Spa
라 루나 스파
La Luna Spa
반미 퀸 마담 칸
Bánh Mì Queen
Madam Khanh
호이안 TNT 빌라
Hoi An TNT Villa
페바 초콜릿
Pheva Chocolate
호이안 관광 안내소
호이안 로스터리
Hoi An Roastery
쩐가 사당
Nhà Thờ Cổ Tộc Trần
광동 회관
Hội Quán Quảng Đông
득안 고가
Nhà Cổ Đức An
관탕 고
Nhà Cổ Quân Thắ
내원교
Chùa Cầu
호이안 로스터리
매표소
탐탐 카페
Tam Tam Cafe
매표소
풍흥 고가
Nhà Cổ Phùng Hưng
아틀라스 호텔
Atlas Hotel
콩 카페
Cong Caphe
홈 호이안
Home Hoi An
모닝 글로리
Morning Glory
사후인 문화 박물관
Bảo Tàng Văn Hóa Sa Huỳnh
코코 박스
안호이 다리
An Hoi Bridge
호이안 로스터리
탄빈 리버사이드 호텔
Thanh Binh Riverside Hotel
그린 해븐 스파
Green Heaven Spa
호이안 야시장
Hoi An Night Market
매표소
떤기 고가
Nhà Cổ Tấn
호이안 로스
엔젤 스파
The Angel Spa
미즈 비 쿠킹 스쿨
Ms. Vy's Cooking School
매직 스파
Magic Spa
K 마켓
K-Market
시나몬 크루
Cinnamon Cruis
모닝 글로리
2호점
코럴 스파
Coral Spa
미노 스파
Myno Spa
실크 마리나 리조트 & 스파
Silk Marina Resort & Spa
빈홍 에메랄드 리조트
Vinh Hung Emerald Resort
Nguyễn Công Trứ
Hai Bà Trưng
Lý Thường Kiệt
Trần Cao Vân
Bà Triệu
Lê Quý Đôn
Trần Hưng Đạo
Phan Châu Trinh
Nguyễn Phúc Chu
Lê Lợi
Trần Phú
Nguyễn Thái
응우옌타이혹 로드
박당 로드
Bạch Đằ
Nguyễn Du
Thoại Ngọc Hầu
La Hối
Nguyễn Hoàng
Lưu Quý Kỳ
Ngô Quyền
Nguyễn Phúc Tần
Hẻm 15 Nguyễn Hoàng
Sông Thu

Lý Thái Tổ
Nguyễn Trường Tộ
Lý Nam Đế
Lý Thường Kiệt
Ngô Gia Tự
Thái Phiên
Lý Thường Kiệt
Lý Thái Tổ
오리비
Orivy Local Food Restaurant
호이안 박물관
Trung Tâm Quản lý Bảo Tồn Di Sản Văn Hóa Hội An
호이안 히스토릭 호텔
Hoi An Historic Hotel
호이안 병원
Hoi An Hospital
Phạm Hồng Thái
Trần Hưng Đạo
Trần Hưng Đạo
Bida Anh Vũ
바레웰
Giếng Cổ Bá Lễ
Nguyễn Huệ
바레웰
Bale Well
반미 프엉
Bánh Mì Phượng
관우 사원
Quan Công Miếu
포슈아
Phố Xưa
미스 리 카페 22
Miss Ly Cafe 22
Lê Quý Đôn
스파이스 스푼(쿠킹 클래스)
Spice Spoon
중화 회관
Hội Quán Ngũ Bang
조주 회관
Hội Quán Triều Châu
해남 회관
Hội Quán Hải Nam
호이안 리버사이드 레스토랑
Hoi An Riverside Restaurant
Trần Phú
쩐푸 로드
복건 회관
Hội Quán Phước Kiến
Phan Bội Châu
아난타라 호이안 리조트
Anantara Hoi An Resort
Trần Quý Cáp
호이안 로스터리
호이안 시장
Chợ Hội An
Phan Bội Châu
Hoàng Diệu
Huyền Trân Công Chúa
Nguyễn Thái Học
Bạch Đằng
도자기 무역 박물관
Bảo Tàng Gốm Sứ Hội An
박당 로드
Huyền Trân Công Chúa
호이안 민속 박물관
Bảo Tàng Văn Hoá Dân Gian
코코 박스
Hoàng Diệu
Sông Thu Bồn
투본강
Ven sông Cẩm Nam
투본강
Lương Như Bích
100m
Lương Như Bích
Ven sông Cẩm Nam

호이안 추천 코스

호이안 올드 타운 워킹 코스

호이안 올드 타운 내로 들어오는 입구가 여러 곳이고 골목이 많아 자칫 헤메다가 다 못 보고 나오는 경우가 있다.
호이안 올드 타운의 메인 로드는 투본강에서부터 박당Bạch Đằng 로드, 응우옌타이혹Nguyễn Thái Học 로드, 쩐푸Trần Phú 로드 순서로, 대부분의 명소와 레스토랑들은 응우옌타이혹 로드와 쩐푸 로드에 집중되어 있다. 쩐푸 로드가 시작되는 내원교에서 시작해서 호이안 시장과 만나는 쩐꾸깝Trần Quý Cáp 로드 그리고 응우옌타이혹 로드 방향으로 이동하면 빠뜨리지 않고 볼 수 있다. 또한 호이안 올드 타운을 돌아보는 것은 더위와의 싸움이기도 한데, 대부분의 레스토랑과 카페에 에어컨이 없기 때문에 가능한 2시간 이내의 일정으로 돌아보는 것이 좋다. 박물관이나 고가는 오후 5시에 닫고, 야시장은 오후 5시 이후에 시작하니 오후 3시쯤 일정을 시작해서 저녁 식사를 하고 야시장까지 함께 둘러보면 좋다.

호이안 안방 비치 코스

태양이 뜨거운 낮 시간에는 안방 비치에서 물놀이를 즐기고, 오후에는 호이안 올드 타운을 돌아보는 코스이다. 안방 비치에 있는 식당을 이용하면 해변의 비치 베드를 무료 또는 저렴하게 이용할 수 있다. 오전 시간을 호이안의 핫 플레이스인 안방 비치에서 여유있고 느긋하게 보내자!

호텔 셔틀(또는 택시) 출발

차량 15분

안방 비치(또는 끄어다이 비치)에서 물놀이와 선탠

도보 5분

소울 키친 점심 식사

차량 15분

호이안 시내 마사지 숍

도보 10분

호이안 올드 타운 도보 관광

관광 Sightseeing

호이안에서의 시간은 천천히 흐른다. 차가 들어갈 수 없어 자전거나 도보로 이동해야 하는 올드 타운은 마치 시간을 흘려보내듯 천천히, 그리고 여유롭게 돌아봐야 한다. 현지인의 삶을 체험해 볼 수 있는 에코 투어, 직접 만들어 먹는 재미가 있는 쿠킹 클래스 그리고 호이안 올드 타운 구석구석을 돌아보는 워킹 투어는 호이안에서 꼭 해 봐야 하는 것들이다.

MAPECODE 39101

끄어다이 비치 Cua Dai Beach Bãi Tắm Cửa Đại [바이 땀 끄어따이] 1

호이안의 대표 해변

끄어다이 비치는 '커다란 바다의 입구'라는 의미로, 동중국해와 투본강이 만나는 곳에 위치한 해변을 말한다. 조금 더 쉽게 말하면 미케 비치 끝에서 논누억 비치 그리고 안방 비치 다음으로 연결되는 해변이 바로 끄어다이 비치다. 다낭에서는 약 20km, 호이안 올드 타운에서는 4km 정도 떨어져 있다. 한때는 호이안을 대표하는 해변이었으나, 몇 년 전 해변을 덮친 큰 태풍과 모래의 유실로 점차 해변이 좁아지고 있다. 끄어다이 비치의 해변을 따라 선라이즈, 팜가든 등의 리조트들이 들어서 있다.

주소 Bai Bien Cua Dai, Cẩm An, Hoi An, Quang Nam 위치 호이안 올드 타운에서 차로 약 15분 소요, 팜가든 리조트 근처

MAPECODE 39102

안방 비치 An Bang Beach Bãi Tắm An Bàng [바이 땀 안방]

호이안에서 가장 핫한 해변가

끄어다이 비치에서 다낭 방향으로 약 3km 위쪽에 있는 안방 비치는, 호이안에서 가장 인기가 많은 해변이다. 하얀색의 모래와 넓은 백사장이 물놀이와 해양 스포츠를 즐기기에 적합하여 연중 사람들로 붐빈다. 안방 비치 해변을 따라 시푸드 레스토랑이 모여 있어 저녁 시간에는 자리가 없을 정도이고, 호이안 올드 타운에 위치한 호텔들은 안방 비치로 이동하는 셔틀을 운행하기도 한다.

주소 Bai Bien An Bang, Cẩm An, Hoi An, Quang Nam
위치 호이안 올드 타운에서 차로 약 17분 소요

MAPECODE 39103

투본강 Thu Bon River Sông Thu Bồn [쏭 투본]

호이안을 해상 무역의 중심지로 만든 강

호이안을 가로질러 동중국해로 흘러가는 투본강은, 호이안을 해상 무역의 중심지로 만든 주인공이다. 16~17세기 외국 상인들은 투본강을 통해 호이안으로 들어와 무역을 하며 정착하였는데, 그 당시에 만들어진 문화가 지금의 호이안만의 독특한 복합 문화를 만들었기 때문이다. 또한 투본강은 현지인들의 삶의 터전이자, 에코 투어의 장소이기도 하다.

주소 Lê Lợi, Minh An, Tp. Hội An, Quảng Nam 위치 호이안 올드 타운 근처

MAPECODE 39104

호이안 올드 타운 Hoian Ancient Town Phố Cổ Hội An [퍼 꺼 호이안]

그림같은 풍경이 인상적인 호이안의 올드 타운

2세기 사후인Sa Huynh 사람들이 투본강을 중심으로 무역을 시작한 이후 15세기에는 참파Chăm Pa 왕국의 무역 중심지로, 19세기에는 응우옌Nguyễn 왕조의 해상 무역 중심지로 발달하였다. 15~19세기까지 투본강을 통해 호이안으로 들어온 중국, 일본, 포르투갈, 스페인, 네덜란드 등에서 온 상인들이 정착하면서 호이안의 식문화와 주거 문화에 영향을 미쳤는데, 이는 오늘날 호이안 올드 타운에 고스란히 남아 있다. 호이안 올드 타운의 건물 대부분은 17~18세기에 지어진 것이며, 20세기 베트남 전쟁 중에도 다행히 폭탄을 피하게 되어 현재까지 15~19세기 동남아시아 무역항의 모습을 잘 보존하게 되었다. 1999년 호이안 올드 타운은 마을 전체가 그 아름다움과 역사를 인정받아 유네스코의 세계 문화유산으로 등재되었고, 과거 파이포Faifo, 하이포Haisfo, 호아이포Hoai Pho라고 불린 바다의 실크로드 무역항이 지금은 전 세계 여행객들이 찾는 명소로 변모하게 되었다.

올드 타운 안으로는 통합 입장권 없이도 들어갈 수 있으나 박물관, 고가, 사당 등과 같은 올드 타운의 명소에 들어가려면 통합 입장권을 끊어야 한다. 올드 타운 안으로는 차량과 오토바이의 진입이 제한된다.

주소 Lê Lợi, Minh An, Tp. Hội An, Quảng Nam 요금 12만 동 홈페이지 www.hoianancienttown.vn 위치 호이안 시내 중심, 다낭 국제공항에서 차로 약 50분 소요

Tip 호이안 올드 타운 통합 입장권, 끊어야 할까?

호이안 올드 타운으로 들어가는 입구마다 매표소가 있는데, 유네스코의 세계 문화유산으로 지정된 올드 타운은 원칙적으로는 입장권을 구매해야 한다. 또한 박물관, 고가, 사원 등의 명소를 보려면 입장권이 반드시 필요한데, 통합 입장권에는 5곳의 관광지를 선택하여 들어갈 수 있는 입장권이 포함되어 있다. 한 번 구입하면 24시간 동안 유효하다. 5곳 이상의 관광지를 들어가려면 추가 티켓을 구매해야 하지만, 5개 이상의 관광지를 둘러보는 여행객은 많지 않다.

MAPECODE 39105

내원교(來遠橋) Japanese Covered Bridge Chùa Cầu [쭈아 꺼우] ★

'일본의 탑'이라는 의미의 내원교는 17세기 호이안에 정착한 일본인에 의해 세워진 다리이다. 17세기 일본 에도 시대의 도쿠가와 이에야스 쇼군이 베트남의 응우옌 왕조와 정식 국교를 맺고 일본의 상인들을 호이안에 보내면서 이곳에 일본인들이 정착하게 되었다. 다리 양쪽에는 각각 한 쌍의 개와 원숭이 석상이 있는데, 개狗와 원숭이猿의 해에 일본의 영웅들이 많이 태어났기 때문이라는 설과 다리 건설이 원숭이해에 시작해서 개해에 끝났다는 설이 있다. 다리 중앙 안쪽에는 베트남 북부 황제 박데쩐보 Bac De Tran Vo를 모신 사원도 있다. 다리는 무료로 건너갈 수 있으나, 다리 중앙의 사원에 들어가려면 입장권이 있어야 한다.

주소 Nguyễn Thị Minh Khai, Cẩm Phô, Tp. Hội An 위치 호이안 올드 타운 내, 안호이(An Hoi) 다리와 박당(Bạch Đằng) 로드가 만나는 곳

MAPECODE 39106

바레웰 Ba Le Well Giếng Cổ Bá Lễ [지앙 꺼 바레]

바레웰은 10세기경 참 왕조 시기에 만들어진 우물이다. 다른 우물과는 다르게 입구가 네모이며, 이 우물물로 까오러우를 만들었다고 전해진다. 이 우물과 같은 이름으로 더 유명한 바레웰 레스토랑 옆에 위치한다.

주소 45 Phan Châu Trinh, Minh An, Tp. Hội An 위치 호이안 올드 타운, 바레웰 레스토랑 옆

수천 년을 이어온 호이안의 역사를 유물을 통해 직접 눈으로 확인할 수 있다. 올드 타운과 함께 박물관을 둘러보면 호이안의 진정한 가치를 더 잘 알 수 있다.

호이안 민속 박물관 ★
Hoi An Museum of Folk Culture
Bảo Tàng Văn Hoá Dân Gian [바오당 반호아 단지안]

호이안 민속 박물관은 호이안에서 가장 큰 2층 목조 건물로, 호이안 사람들의 생활 양식과 직업 등의 문화를 엿볼 수 있는 약 490점의 유물이 전시되어 있다.

주소 33 Nguyễn Thái Học, Minh An, Tp. Hội An 위치 호이안 올드 타운 내, 박당(Bạch Đằng) 로드, 내원교에서 도보 약 5분 소요 MAPECODE 39107

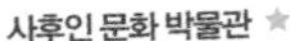

사후인 문화 박물관 ★
The Sa Huynh Culture Museum
Bảo Tàng Văn Hóa Sa Huỳnh [바오당 반호아 사후인]

B.C.1000년~A.D.100년까지 호이안 무역항의 초기 주인이었던 고대 사후인 문명의 유물을 전시해둔 곳이다. 사후인 문명은 베트남 중부 일부 해안 지역에서만 발견되는 청동기 문명으로, 호이안의 역사를 이해하는 데 가장 중요한 박물관이다. 청동과 철기를 사용한 그릇과 도자기, 보석, 무기, 도끼 등이 전시되어 있다.

주소 149 Trần Phú, Minh An, Tp. Hội An 위치 호이안 올드 타운 내, 내원교 옆 MAPECODE 39108

도자기 무역 박물관
Museum of Trade Ceramics
Bảo Tàng Gốm Sứ Hội An [바오당 껌 수 호이안]

호이안의 초기 해상 무역의 물품은 중국, 태국, 일본 등에서 들여오던 도자기였는데, 이곳에 13~17세기 일본, 중국, 태국 등에서 들어온 도자기가 전시되어 있다. 1733년 침몰된 배에서 인양된 도자기 유물과 8~18세기까지 도자기의 세계 유통 경로도 볼 수 있다.

주소 80 Trần Phú, Minh An, Tp. Hội An 위치 호이안 올드 타운 내, 쩐푸(Trần Phú) 로드, 내원교에서 도보 약 5분 소요 MAPECODE 39109

호이안 박물관 Museum of History and Culture
Trung Tâm Quản lý Bảo Tồn Di Sản Văn Hóa Hội An [쭝땀 꽌 리 바오 똔 디산 반호아 호이안]

호이안의 초기 시대부터 현재까지 한눈에 요약해서 볼 수 있는 호이안의 대표 박물관이다. 호이안 역사와 관련된 중요한 지도, 사진, 도자기 등 상당한 양이 전시되어 있다. B.C.3000년 전 동손Dongson 문명 시대의 청동 종도 보관되어 있다.

주소 10B Trần Hưng Đạo, Sơn Phong, Tp. Hội An 위치 호이안 올드 타운 내, 쩐흥다오(Trần Hưng Đạo) 로드, 내원교에서 도보 약 9분 소요 MAPECODE 39110

호이안의 부유한 상인들이 거주하던 집으로, 현재는 후손들이 거주하거나 그대로 보존하고 있다. 그 당시 호이안 상인들의 생활과 중국, 일본인들의 주거 문화가 반영된 호이안만의 주택 양식을 볼 수 있는 중요한 장소이다.

떤기 고가 Old House of Tan Ky Nhà Cổ Tân Kỷ [냐꺼 떤기] ★

약 200년 된 고가로 지붕의 기와는 중국식을, 기와 처마의 장식은 일본식을, 지붕을 받치고 있는 기둥은 베트남식 건축 양식을 따랐다. 구조는 중국 상인이 머물 수 있는 방과 거실 등으로 나뉜 4개의 방이 있다. 현재 7대 후손이 거주하고 있으며, 침실을 제외하고는 일반인들에게 공개하고 있다.

주소 101 Nguyễn Thái Học, Minh An, Tp. Hội An 위치 호이안 올드 타운 내, 응우옌타이혹 로드, 내원교에서 도보 약 3분 소요 MAPECODE 39111

풍흥 고가 Old House of Phung Hung Nhà Cổ Phùng Hưng [냐꺼 풍흥]

1780년에 지어진 풍흥 고가는 호이안에서 가장 아름다운 건축물로 손꼽힌다. 1층은 일본식, 2층은 중국식으로 지어진 이 고가는 2층의 천장에 거북이 등 모양의 무늬가 있는 것이 특징이다. 무엇보다 200년 넘은 집이라고는 믿기 힘들 정도로 튼튼하고 잘 관리되어 있다. 현재 8대 후손이 거주하고 있다.

주소 4 Nguyễn Thị Minh Khai, Cẩm Phô, Tp. Hội An 위치 호이안 올드 타운 내, 내원교 옆 MAPECODE 39112

득안 고가 Old House of Duc An Nhà Cổ Đức An [냐꺼 득안]

1850년에 지어진 득안 고가는 베트남 중부의 최대 서점이다. 때문에 내부에는 아직도 큰 책장이 그대로 남아 있다. 특히, 득안 고가는 베트남의 독립 운동가들이 드나들었던 역사적인 장소로 유명하다. 현재는 득안 고가를 지키는 후손 판응옥점 Mr. Phan Ngou Tram 씨가 직접 내부를 안내해 준다.

주소 129 Trần Phú, Minh An, Tp. Hội An 위치 호이안 올드 타운 내, 내원교에서 도보 약 1분 소요 MAPECODE 39113

꽌탕 고가 Old House of Quan Thang Nhà Cổ Quân Thắng [냐꺼 꽌땅]

꽌탕 고가는 18세기 초반에 호이안을 드나들던 중국인 상인이 지은 집이다. 고가 내부의 섬세한 조각은 낌봉 Kim Bong 목공 마을의 목공인 작품이다. 단층 건물로 다른 고가에 비해 규모는 작지만, 수많은 섬세한 조각들이 아름다운 집이다.

주소 77 Trần Phú, Minh An, Tp. Hội An 위치 호이안 올드 타운 내, 쩐푸(Trần Phú) 로드, 내원교에서 도보 약 4분 소요 MAPECODE 39114

호이안에는 개인 조상을 모시는 사당과 함께 해상 무역과 어업에 종사한 사람들이 많아 바다의 신과 날씨의 신을 모신 사당이나 사원도 많다.

찐가 사당 The Tran Family Home & Chapel **Nhà Thờ Cổ Tộc Trần [냐터꺼 톡 쩐]**

1802년 쩐뜨느억Tran Tu Nhuc이 조상을 위해 지은 사당으로, 내부는 손님을 위한 응접실과 사당으로 나뉜다. 사당은 영혼이 들어온다고 믿는 베트남 새해인 뗏Tet과 11월 11일에만 열린다.

주소 21 Lê Lợi, Minh An, Tp. Hội An 위치 호이안 올드 타운 내, 내원교에서 도보 약 6분 소요 MAPECODE 39115

관우 사원 Quan Cong Temple **Quan Công Miếu [꽌꽁 미에우]**

1653년 중국 민흥 지역에서 이주해 온 중국인들이 세운 관우를 모시는 사당이다. 호이안에서는 매년 음력 1월 13일 관우 탄생일과 음력 6월 24일 관우 제삿날에 행사가 열린다.

주소 24 Trần Phú, Minh An, Tp. Hội An 위치 호이안 올드 타운 내, 내원교에서 도보 약 7분 소요, 호이안 시장 근처 MAPECODE 39116

18~19세기 호이안에 정착한 중국인의 후손이 세운 회관으로, 각 지역 출신들의 모임 장소이자 해상 무역 시 바다의 안녕을 기원하기 위해 신에게 제사를 지내는 곳이다.

광동 회관(廣東, 廣肇會館) Cantonese Assembly Hall **Hội Quán Quảng Đông [호이 꽌 꽝동]** ★

1885년 광둥성 출신의 중국인 상인들이 세운 곳이다. 건물의 각 부분은 중국에서 만들어져 호이안에서 조립하였다. 회관 중앙에는 도자기로 만든 용 모양의 분수대가 있고 정면에는 관우를 모신 사당이 있다. 관우가 타던 적토마와 관우, 장비, 유비의 '도원결의' 그림이 걸려 있는 점이 인상적이다. 호이안에서 여행객들이 가장 많이 찾는 곳 중 하나다.

주소 176 Trần Phú, Minh An, Tp. Hội An 위치 호이안 올드 타운 내, 내원교 옆 MAPECODE 39117

Tip 재물의 신, 관우關羽

관우는 중국의 삼국 시대 촉나라 장수로, 중국의 식당이나 상점의 입구에서 관우의 동상이나 사당을 쉽게 만날 수 있다. 관우의 고향인 산서성 출신의 상인들은 소금 장사를 하러 멀리 떠날 때 안녕을 위한 신으로 관우를 모시게 되었는데, 그 이후 중국 전역의 상인들이 산서성 상인들처럼 부자가 되기를 바라는 마음으로 관우를 신으로 모시게 되었다고 전해진다.

중화 회관(中華會館) Trung Hoa Assembly Hall Hội Quán Ngũ Bang [호이 꽌 응방]

1741년에 지어진 중화 회관은 호이안에서 가장 오래된 중국인 회관이다. 이곳은 호이안의 중국계 베트남인의 모임 장소이며, 바다의 여신 티엔허우Thiên Hậu를 모시는 사당이 있다.

주소 64 Trần Phú, Minh An, Tp. Hội An 위치 호이안 올드 타운 내, 내원교에서 도보 약 5분 소요 MAPECODE 39118

복건 회관(福建會館) Fukian Assembly Hall Hội Quán Phước Kiến [호이 꽌 푸키엔]

1697년 중국 복건성 출신의 중국 상인들이 세운 회관으로, 복건성 출신 상인들의 친목 도모를 위해 건립했다가 이후 바다의 여신 티엔허우Thiên Hậu를 모시기 위한 사원으로 바뀌었다. 회관 정문은 1975년에 세워졌으며, 호이안의 중국인 회관 중에 가장 화려하고 규모가 크다.

주소 46 Trần Phú, Minh An, Tp. Hội An 위치 호이안 올드 타운 내, 내원교에서 도보 약 6분 소요, 중화 회관 옆 MAPECODE 39119

조주 회관(潮州會館) Trieu Chau Assembly Hall Hội Quán Triều Châu [호이 꽌 쪼 쩌우]

조주 회관은 중국 조주 지방에서 호이안에 정착한 중국인들이 1845년에 세운 곳이다. 회관에서 바람과 파도를 관장하는 신에게 평온한 바다를 위한 기도와 제사를 지내는데, 매년 음력 1월 1일~16일에는 조상에게 제사를 지내려는 조주 지방 출신의 후손들이 모인다. 회관을 짜오 쩌우Chao Zhou Assembly Hall 라고 부르기도 한다.

주소 157 Trần Phú, Sơn Phong Tp. Hội An 위치 호이안 올드 타운, 내원교에서 도보 약 9분 소요 MAPECODE 39120

해남 회관(海南會館) Hai Nan Assembly Hall Hội Quán Hải Nam [호이 꽌 하이 난]

1851년 하이난섬에서 오던 상인들이 해적으로 오인당하여 호이안 앞바다에서 수장된 일이 있었다. 이에 응우옌 왕조의 뜨뜩 황제는 그들의 원혼을 위로하기 위해 이곳에 사당을 세우고 회관을 지었다.

주소 10 Trần Phú, Minh An, Tp. Hội An 위치 호이안 올드 타운, 내원교에서 도보 약 8분 소요, 조주 회관 근처 MAPECODE 39121

MAPECODE 39122

호이안 시장 Hoi An Market Chợ Hội An [쩌 호이안]

현지인들의 삶의 터전인 재래시장

올드 타운이 유명해지기 훨씬 이전부터 호이안 사람들의 삶의 터전이자 중심지로, 올드 타운 끝자락에 위치해 있다. 호이안 현지에서 가져온 싱싱한 채소부터 새우, 생선 등 해산물이 넘쳐나 우리의 시골 장터와 비슷하다. 외부에는 좌판에서 생선과 과일 등을 팔고, 2층 건물 내부에는 도자기와 그물 등 생활용품 등을 판다.

아침 시간에는 낮은 플라스틱 의자를 놓고 쌀국수와 베트남식 오믈렛(미 옵 라Mi Op La)을 먹는 현지인들을 많이 볼 수 있다. 저녁 7시 전후면 문을 닫는 상점이 많아 그 전에 가 보는 것이 좋다. 싱싱한 열대 과일을 저렴하게 살 수 있는 것도 장점이다.

주소 Trần Quý Cáp, Minh An, Tp. Hội An, Quảng Nam
시간 08:00~19:00 위치 호이안 올드 타운 끝 쪽, 박당(Bạch Đằng) 로드와 호앙디우(Hoàng Diệu) 다리가 만나는 곳

MAPECODE 39123

호이안 야시장 Hoi An Night Market

올드 타운 입구에 위치한 야시장

호이안 올드 타운으로 들어가는 입구인 안호이 다리부터 응우옌호앙Nguyễn Hoàng로드를 따라 열리는 야시장이다. 낮에는 차가 다니던 도로에 오후 4~5시가 되면 손수레가 하나둘씩 줄지어 모이면서 야시장이 형성된다. 베트남 간식거리부터 사탕수수 주스인 느억미아, 열대 과일 가게 등 다양한 종류의 상점들이 있다. 무엇보다 호이안의 상징인 홍등을 파는 가게가 많아 저녁 시간에는 화려하고 홍등의 은은한 불빛에 분위기가 좋아진다. 워낙 가게가 많아 흥정은 필수다. 야시장 주변에 마사지 숍도 모여 있어 야시장을 보고 마사지를 받기도 좋다.

주소 3 Nguyễn Hoàng, An Hội, Minh An, Tp. Hội An City 시간 16:00~23:00 위치 호이안 올드 타운에서 안호이(An Hoi) 다리 건너서 빈홍 에메랄드 리조트 가는 길

MAPECODE 39124

호이안 수상 인형극 Nhà Hát Hội An [냐핫 호이안]

베트남을 대표하는 전통 공연인 수상 인형극

베트남어로 '무어 로이 느억Múa Rối Nước'이라고 하며 물 위에서 춤추는 인형이라는 뜻이다. 무대 뒤에서 사람이 인형을 조정하면 물 위에서 인형이 춤을 추는데, 무엇보다 1m가 넘는 인형을 정교하게 조정하는 사람들의 실력에 감탄이 나온다.

탄탄한 스토리와 화려한 색상의 인형 그리고 오랜 경력의 공연가가 펼치는 공연은 45분이 매우 짧아서 아쉬울 정도다. 베트남의 대표 수상 인형극인 하노이의 '탕롱 수상 공연Thang Long Water Puppet Show'과 함께 꽝남 지역에서 유명한 공연이다.

주소 548 Hai Bà Trưng, Cẩm Phô, tp. Hội An, Quảng Nam 전화 0235 386 1327, 0941 378 979(Hotline)

시간 화, 금, 토 18:30(45분 공연) 요금 성인 8만 동, 아동 4만 동 위치 호이안 올드 타운 외곽, 알마니티 호이안 리조트 근처

MAPECODE 39125 39126

탄하 도자기 마을 & 낌봉 목공 마을 Làng Gốm Thanh Hà & Làng Mộc Kim Bồng [랑곰 탄하 & 랑몹 낌봉]

다양한 투어 프로그램을 즐길 수 있는 마을

탄하 도자기 마을은 호이안 올드 타운에서 서쪽으로 약 3km 떨어진 투본강 근처에 있다. 응우옌 왕조 때 후에 왕궁을 건축하기 위해 많은 도예가들이 차출된 이후 전문적으로 도자기를 만드는 시스템을 갖추게 된 마을이다. 지금도 컵이나 그릇 등을 만들어 판매하고, 도자기를 직접 만들어 볼 수 있는 체험 프로그램을 운영하고 있다. 규모가 크지 않아 일부러 찾아가기보다는 투본강에서 리버 보트 투어로 낌봉 목공 마을과 함께 둘러보면 편리하다.

낌봉 목공 마을은 북베트남의 목공 기술에서 기인한 것으로 태국, 중국, 일본 등과 오랫동안 무역을 통해 조각품을 수출해 왔다. 정교한 조각 기술로 응우옌 왕조 때 후에 왕궁 건설을 위해 도하 마을의 도공과 함께 후에로 차출되기도 하였다.

탄하 도자기 마을

주소 Phạm Phán, Thanh Hà, Tp. Hội An 시간 08:00~17:00 요금 2만 5천 동 위치 호이안 올드 타운 외곽 투본강 옆, 호이안 올드 타운에서 차로 약 10분 소요

낌봉 목공 마을

주소 Đường Nông Thôn, Thôn Trung Hà, Xã Cẩm Kim, Cẩm Kim, Tp. Hội An 시간 08:00~17:00 요금 2만 5천 동 위치 호이안 올드 타운 투본강 건너, 배로 약 15분 소요

Tip 탄하 도자기 마을 투어 Pottery Tour

도자기 마을을 둘러보고 직접 도자기를 만들어 볼 수 있는 프로그램이다. 호텔에서 왕복 픽업을 해 주고 간단한 로컬 푸드도 맛볼 수 있다.

전화 0235 3921 988 시간 월~토 08:30, 14:30 요금 3시간 코스 57만 동, 2시간 30분 코스 44만 동 / 2인 이상 가능 홈페이지 potterytour.webnode.vn

호이안의 낮과 밤

대부분의 여행객은 등이 들어오는 저녁 시간에만 호이안을 방문한다. 그러나 호이안을 제대로 경험하기 위해서는 밤뿐만 아니라 낮에도 찾아가 봐야 한다. 낮과 밤의 느낌이 다른 호이안의 다양한 매력에 빠져 보자.

호이안의 낮

호이안의 낮은 관광객이 적어 한산하다. 저녁 시간이면 길게 줄 서는 맛집들도 낮에는 줄이 길지 않아 여유 있게 식사를 할 수 있다. 또한 올드 타운 내 박물관과 고가 등은 오후 5시에 문을 닫기 때문에 그 전에 둘러봐야 한다. 조금 더 로컬다운 모습을 원한다면, 올드 타운 끝에 위치한 시장을 방문해 보자. 오전의 호이안 시장에서는 현지 사람들의 활기찬 생활 모습을 볼 수 있다.

호이안의 밤

호이안의 밤은 색색의 등불로 전혀 다른 분위기를 연출한다. 투본강 위로 비치는 등불과 조명이 올드 타운의 건물을 우아하고 고풍스럽게 만든다. 저녁 시간 맛집에서 길게 줄 서는 것이 싫다면, 식사 시간을 살짝 피해서 가는 것도 방법이다. 또한 식사 후, 호이안의 카페 테라스에서 여유를 즐겨 보자. 소원을 적은 작은 종이배를 띄워 보내는 사람이 많아 밤이 되면 색색의 등불로 화려해지는데, 직접 작은 배를 사서 강에 띄우는 것도 좋은 추억이 된다. 낮보다 덥지 않아 천천히 둘러보기 좋다.

호이안의 축제 Hoi An Traditional Festival

일본과 중국으로부터 온 상인들이 정착한 호이안에는 그들의 전통과 문화가 오늘날까지 후손들에 의해 이어지고 있다. 여행 기간에 행사나 축제가 열린다면 꼭 참여해 보자. 특별한 추억이 될 것이다.

보트 레이싱 축제

위령 등불 축제
롱추 축제

보트 레이싱 축제 Boat Racing Festival

보트 레이싱 축제는 매년 음력 1월 2일에 열린다. 물의 신에게 풍요로운 수확을 기원하고, 새로운 해에 기운을 북돋기 위한 행사이다. 보트 레이싱은 현재 호이안을 대표하는 수상 스포츠이기도 하다.

응우옌띠우 페스티벌 Nguyen Tieu Festival

매년 음력 1월 13일에 관우 사원에서 열리는 응우옌띠우 페스티벌은 호이안에 정착한 중국인들에 의해 열리는 행사이다. 이날은 호이안 사람들이 사원과 탑에 선농왕Emperor Shen Nong을 기리는 의식을 갖는다. 이 기간에는 후에, 다낭, 호이안에 사는 중국인들이 조주 회관, 복건 회관에 모여 조상에게 제사를 지내고 새해를 보낸다.

투본강 축제 Lady Thu Bon Festival

음력 2월 12일에 농업과 어부를 관장하는 투본강을 섬기는 축제이다. 고대 참파 문명의 후손이 주최하는 행사로, 보트 경주와 전통 공연이 이어진다.

고래 축제 Whale Worshiping Festival

음력 3월 둘째 주에 일주일 동안 열리는 고래 축제는 수 세기 동안 꽝남 지방의 가장 큰 워터 페스티벌이다. 고래는 행운을 가져오고, 어부들의 안전과 번영을 가져온다고 믿는다.

롱추 축제 Long Chu Festival

음력 7월 15일과 8월 15일에 열리는 롱추 축제는, 용 모양(롱추)의 배를 바다로 띄워 보내면서 나쁜 질병과 악귀를 같이 떠내려 보내는 의식이다.

위령 등불 축제 Wandering Souls Day

음력으로 7월 15일에 열리는 전 세계적인 불교 행사로, 베트남에서는 새해인 뗏Tet 다음으로 큰 행사이다. 이 기간에 호이안에서는 길을 잃은 영혼을 옳은 길로 안내하기 위해 투본강에 등을 띄우거나 집 앞에 음식을 내놓기도 한다.

뗏쭝쭈 Tet Trung Thu

한국의 추석과 미국의 할로윈을 합친 듯한 축제로, 음력 8월 15일에 열린다. 아이들이 동물들이 그려진 랜턴을 들고 노래를 부르며 퍼레이드를 한다. 사자춤 공연이 열리고, 월병을 먹기도 한다.

미선 유적지 Thánh địa Mỹ Sơn [탄 디아 미선]

MAPECODE 39127

베트남 참파 문화의 중심지

미선美山은 '아름다운 산'이라는 의미이며, 4~14세기에 걸쳐 참족이 세운 참파 왕국의 베트남 내 힌두 사원 유적지다. 참족은 베트남, 캄보디아, 태국에 걸쳐 거주하는 말레이계 민족으로, 힌두교 문화를 기반으로 한다. 베트남에서 발견된 총 225개의 참족 유물 중 71개의 사원과 32개의 묘비가 모두 미선 지역에서 발굴되었다.
태국이나 캄보디아의 참족 유적지와 다르게 미선 유적지에는 2~14세기까지에 걸쳐 참파 문화의 발전과 변화를 한곳에서 볼 수 있는데, 이는 현존하는 아시아 문명의 중요한 증거가 된다. 이러한 가치를 인정받아, 미선 유적지는 1999년 유네스코에 의해 세계 문화유산으로 등재되었다. 사실 수 세기 동안 밀림 속에 묻혀 있어 잊혀졌던 미선 유적지는, 1898년 프랑스인 탐험가에 의해서 재발견되어 1937년부터 본격적인 복원 작업이 시작되었다. 그러나 아쉽게도 약 70여 개의 사원 유적은 1969년 베트남 전쟁 때 미군의 폭격으로 심하게 파괴되어 현재는 약 20여 개만 남아 있다.
앙코르와트보다 규모도 작고 화려하지 않은 미선 유적이 더 인정을 받는 이유는 참파 문화에서 종교, 정치적 주요 유적이 한 지역에 집중되어 있는 참파 문화의 중심지였다는 점 때문이다. 참파 건축물의 주요 건축 방법은 벽돌로 쌓은 듯한 방식으로, 벽의 장식은 나중에 쌓아 올린 벽돌에 조각한 것이다. 벽돌들이 무너지지 않도록 붙인 접착제에 대해서는 현재까지 연구가 지속 중이다.

주소 Thánh địa Mỹ Sơn, Duy Phú, Huyện Duy Xuyên, Quảng Nam 전화 0235 3731 309 시간 05:30~17:00(여름 시즌), 06:00~17:00(겨울 시즌) / 민속 공연 시간(화~일) 09:30, 10:30, 14:30 요금 15만 동 홈페이지 mysonsanctuary.com.vn 위치 호이안 외곽, 올드 타운에서 차로 약 1시간 30분 소요

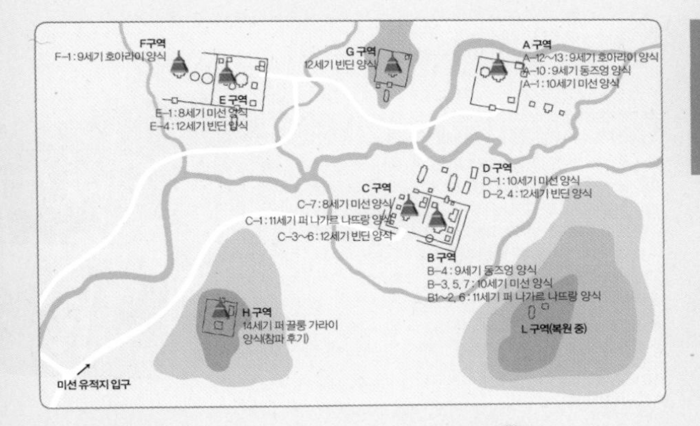

미선 유적지 여행법

❶ 호이안 또는 다낭에서 약 1시간 거리에 위치한 미선 유적지는 가이드 투어로 다녀오는 것이 좋다. 왜냐하면 설명을 들을 수 있고, 이동이 편리하기 때문이다. 또한 미선 유적 매표소에는 유적지에 대해 설명해 놓은 갤러리가 있는데, 본격적인 유적지 관광 전에 꼭 들러서 보고 가야 도움이 된다.

❷ 사원은 원시 밀림 속 2km에 걸쳐 펼쳐져 있기 때문에 입구에서 버기를 타고 이동한다. 미선은 덥고 모기가 많아 물과 모기약을 꼭 챙겨 가야 한다.

❸ 미선 유적지는 목적에 따라 알파벳 ABCDEFGHK로, 중요도에 따라 숫자로 표기한다. 즉, 'My Son E1'은 'E' 그룹에서 가장 중요한 유물이라는 의미다. 또한 발굴 지역에 따라 호아라이Hoa Lài, 동즈엉Đồng-Dương, 빈딘Bình Đinh 양식 등으로 분류된다.

❹ 유적 입구의 민속 공연장에서는 하루 3회 공연을 하는데, 이는 참파 문화를 이해하는 데 도움이 된다.

미선 유적 & 호이안 올드 타운 투어

미선 유적지를 돌아보고, 저녁에 호이안 올드 타운까지 다녀오는 알찬 투어이다. 오후 12시에 시작해서 약 8시간 정도 소요되는데, 차량과 가이드가 투어에 포함되어 있어서 유적지 관람과 이동이 편하다.

12:30~13:30	호텔 픽업 및 미선 유적지로 이동
14:30~16:00	미선 유적지 도착 및 설명
17:00~18:00	투본강 & 호이안 관광
18:00	저녁 식사 후 소원 초 띄우기 & 야시장 구경
20:00	마사지 후, 호텔 이동

투어 시간 12:30~20:00 요금 성인 $90, 아동 $35(만 7세 미만) 예약 cafe.naver.com/grownman (다낭 보물창고) / 카카오톡 kanggunmo 투어 포함 사항 왕복 차량, 한국어 가능 베트남가이드, 저녁 식사, 입장권, 마사지 등

호이안 체험거리

호이안 에코 투어 Hoi An Eco Tour

에코 투어는 호이안 지역의 농업과 어업에 종사하는 현지인들의 삶을 체험하는 투어이다. 호이안의 투본강 주변으로 쌀 농사가 이루어지고, 투본강 위에서는 호이안 전통 배인 바구니 배를 타고 물고기잡이를 하는 모습을 볼 수 있다. 호이안 에코 투어의 대표적인 회사로는, 쩐반코아Tran Van Khoa가 2005년에 처음으로 에코 투어를 시작한 잭 트랜스Jack Trans 투어가 있다.

주소 Tổ 4 Khối Phước Hải, Phường Cửa Đại, Thành Phố Hội An, Tỉnh Quảnh Nam 전화 091 408 2850, 012 343 31111 시간 09:00~17:00 요금 바구니 배 타기 & 버펄로 타기(2.5시간) 성인 85만 동, 아동 43만 동 / 모심기 & 낚시 체험(6시간) 성인 160만 동, 아동 80만 동 / 선셋 리버 크루즈 & 바구니 배 타기 성인 80만 동, 아동 40만 동 홈페이지 jacktrantours.com

시나몬 크루즈 Cinnamon Cruises

투본강을 따라서 낮에는 미선 유적지에서 끄어다이 비치까지 그리고 쿠킹 클래스 투어를 운영하고, 저녁에는 호이안 올드 타운의 등불을 배경으로 디너 크루즈를 운영한다. 크루즈는 베트남 전통 목선으로 1, 2층으로 나뉘어 있으며, 규모가 있는 배다. 선셋 디너 크루즈(오후 5시 출항)는 호이안 박당 로드 옆 선착장에서 출발해 약 2시간 동안 5코스의 디너가 제공된다. 쿠킹 클래스와 호이안 관광지를 같이 돌아보는 5시간 코스와 미선 유적지와 쿠킹 클래스를 같이 할 수 있는 반일 프로그램도 있다.

주소 76 Bạch Đằng1, Hoi An City 전화 0235 3623777, 091 343 8302 시간 미선 유적지 관광 + 쿠킹 클래스 투어 08:00~14:30, 선셋 디너 크루즈 17:00, 19:30 요금 선셋 디너 크루즈(2시간) 성인 1인 75만 동($35) / 미선 유적지 관광 + 쿠킹 클래스(6시간) 성인 1인 156만 동($69) / 신용 카드 결제도 가능 홈페이지 www.cinnamoncruises.com

쿠킹 클래스 Cooking Class

호이안에서 베트남 요리를 배워볼 수 있는 쿠킹 클래스는 호이안의 인기 투어다. 짧게는 2~3시간 동안, 길게는 반일 동안 베트남식 스프링롤 고이꾸온(또는 퍼꾸온), 반쎄오, 까오러우 등의 요리들을 간단하게 배울 수 있다. 레스토랑에서 사 먹던 음식을 직접 만들어 보는 재미와 베트남 식재료에 대한 설명도 들을 수 있어 신선한 경험이 될 것이다. 로컬 시장에서 직접 장을 보거나 라이스 페이퍼를 만드는 곳도 가볼 수 있다. 호이안의 로컬 식당과 호텔, 에코 투어 회사 등에서 프로그램을 운영하며 한국에 와서도 요리할 수 있도록 레시피 북도 제공한다.

★ 스파이스 스푼 Spice Spoons

호이안의 고급 호텔 아난타라에서 운영하는 쿠킹 클래스이다. 예약된 인원만으로 운영하는 프라이빗한 쿠킹 클래스로, 5성급 호텔 셰프와 함께 투본강이 보이는 오픈 키친에서 진행된다. 추가 요금을 내면 라이스 페이퍼를 만드는 곳과 새우 농장, 로컬 채소 농장 등도 함께 둘러볼 수 있다. 10%의 부가세와 5%의 봉사료가 붙는다.

전화 0235 391 4555 시간 10:00~14:00(1일 1회) 요금 (1인) 149만 동, (2인) 250만 동 예약 hoian@anantara.com(최소 48시간 전 예약 필수) 홈페이지 hoi-an.anantara.com/spice-spoons-anantara-cooking-classes 위치 호이안 올드 타운, 아난타라 호이안 리조트 내

★ 모닝 글로리 Morning Glory

호이안에서 가장 오래된 쿠킹 클래스로, 유명한 모닝 글로리 레스토랑에서 운영한다. 3대째 호이안에서 요리 관련 사업을 해 오고 있는 미즈 비Ms.Vy의 가정식 레시피를 제공한다.

전화 091 4044 034 시간 11:00~13:00, 18:00~20:00(1일 2회) 요금 1인 55만 5천 동($25) / 최소 2인 이상, 최대 6인 예약 cookingclasses@msvy-tastevietnam.com(최소 12시간 전 예약 필수) 홈페이지 msvy-tastevietnam.com/cooking-classes 위치 호이안 올드 타운 내, 응우옌타이혹(Nguyễn Thái Học) 로드 초입

★ 홈 호이안 레스토랑 Home Hoi An Restaurant

홈 호이안 레스토랑에서 운영하며, 4~5가지 베트남 요리를 만든다. 다른 쿠킹 클래스에 비해 시간이 긴 편이다. 보통 유럽인들의 참여가 많다.

전화 0235 392 6668 시간 08:00~12:00, 14:00~18:00(1일 2회) 요금 1인 45만 동 예약 Info@homehoianrestaurant.com(최소 24시간 전 예약 필수) 홈페이지 www.homehoianrestaurant.com 위치 호이안 올드 타운 내, 응우옌타이혹(Nguyễn Thái Học) 로드, 모닝 글로리 옆

참섬 Cham Island

참섬은 호이안 끄어다이 비치에서 배로 약 1시간 걸리는 남중국해에 있는 섬이다. 에메랄드빛 바다와 함께 알록달록한 바닷속 산호와 열대어를 기대한다면 다소 실망할 수 있다. 하지만 다낭과 호이안의 탁한 바다색에서 벗어나 파란색 바다를 볼 수 있다. 또한 참섬은 유네스코 생물권 보존 지역으로 선정되어 있어 바닷속 환경은 잘 보존하고 있는 편이다. 개별적으로 다녀오는 것보다 여행사의 참섬 스노클링 투어를 신청하면 편하게 다녀올 수 있다. 투어는 오전에 일찍 시작해서 오후 늦게 끝나는 전일 코스이다.

07:30~08:00	호텔 픽업 → 선착장으로 이동
08:10~09:10	끄어다이 선착장 집결 및 참섬으로 이동(약 1시간 소요)
09:10~10:30	수영 및 스노클링(+ 시워킹 3만원 추가 금액 있음)
10:30~	바이종(Bai Chong) 해변에서 점심 식사 및 자유 시간
12:10~14:00	바이 쎕(Bai Xep) 해변으로 이동 후, 스노클링 및 휴식(과일 제공)
14:00~	끄어다이 항구로 출발
15:00	선착장 도착 및 호텔로 이동

투어 시간 08:00~15:00 요금 성인 98만 동, 아동 70만 동(만 8세~12세 미만), 유아 45만 동(만 7세 미만) 예약 vn.monkeytravel.com(몽키트래블) 투어 포함 사항 왕복 픽업, 왕복 보트, 스노클링 장비, 섬 입장료, 점심 등 (시워킹 약 3만 원 추가)

Eating
호이안의 음식점

호이안에 간다면 3대 로컬 푸드 까오러우 Cao Lầu, **화이트로즈** White Rose, **호안탄찌엔** Hoành Thánh Chiên**은 꼭 먹어 봐야 한다. 또한 베트남식 바게트 반미** Bánh Mì **맛집도 호이안에 있어서 꼭 맛봐야 한다. 호이안에 있는 수많은 맛집 투어를 하려면 하루가 짧다.**

MAPECODE **39128**

모닝 글로리 Morning Glory

미즈 비(Ms. Vy) 셰프의 호이안 대표 맛집

2006년 오픈한 '모닝 글로리'는 호이안에서 가장 먼저 알려진 레스토랑이다. 오너이자 셰프인 미즈 비 셰프의 다섯 번째 레스토랑으로, 올드 타운 초입에 있어 찾아가기 쉽다. 레스토랑에 들어서면 홀 중앙에 오픈 키친이 있어, 직접 요리하는 모습을 볼 수 있다. 까오러우, 화이트로즈 등 호이안의 스트리트 음식부터 베트남 정통 요리와 가정식까지 다양한 메뉴를 맛볼 수 있다. 다른 호이안 식당들에 비해 규모가 큰 편으로 대기할 일이 별로 없다. 최근 맞은편에는 모닝 글로리 2호점까지 오픈했다. 미즈 비는 모닝 글로리 이외에도 호이안에서 카코 클럽, 비 마켓Vy's Market 등의 레스토랑을 운영하고 있다.

주소 106 Nguyễn Thái Học, Minh An, Tp. Hội An 전화 0235 2241 555~6 시간 10:00~22:00 메뉴 화이트로즈/반쎄오/짜조/고이꾸온 8만 5천 동, 호안탄 찌엔(프라이드 완탕) 9만 5천 동, 까오러우/미꽝/퍼호이안 7만 5천 동, 껌가 호이안 10만 5천 동, 소프트드링크 3만 5천 동 홈페이지 msvy-tastevietnam.com 위치 올드 타운 내, 응우옌 타이혹(Nguyễn Thái Học) 로드 초입

MAPECODE **39129**

탐탐 카페 Tam Tam Cafe

호이안의 원조 맛집인 카페 & 레스토랑

모닝 글로리, 미스 리 카페 22와 더불어 호이안 원조 맛집 중 하나이다. 안호이 다리를 건너 올드 타운 초입에 있어 찾아가기가 편하다. 1층은 카페 공간으로 더위를 피해 커피나 차를 마시는 사람들이 많고, 2층은 분위기 좋은 레스토랑이다. 케이크와 크루아상 등의 베이커리류도 많고, 까오러우와 화이트로즈 등의 호이안 로컬 음식도 맛볼 수 있다. 2층 레스토랑은 분위기에 비해 음식 가격이 저렴한 편이다. 1~2층 규모가 커서 대기 시간이 거의 없다.

주소 110 Nguyễn Thái Học, Minh An, Tp. Hội An 전화 0235 3862 212 시간 08:00~24:00 메뉴 주스 3만 5천 동, 까페 쓰어다 3만 5천 동, 화이트로즈 7만 동, 호안탄찌엔(프라이드 완탕) 9만 5천 동, 까오러우 5만 5천 동, 소프트드링크 2만 5천 동 홈페이지 www.tamtamcafe-hoian.com 위치 호이안 올드 타운 내, 응우옌타이혹(Nguyễn Thái Học) 로드 초입, 모닝 글로리 근처

미스 리 카페 22 Miss Ly Cafe 22

MAPECODE 39130

호이안의 인기 메뉴 화이트로즈 맛집

식당 이름처럼 주인이 미스 리이다. 호이안의 인기 메뉴인 까오러우나 화이트로즈 둘 중 어떤 메뉴를 주문해도 평균 이상의 맛을 느낄 수 있다. 장소가 협소하고 방문객이 많아서 저녁 시간에는 자리 잡기가 상당히 힘들다. 때문에 사람들이 적은 낮이나 식사 시간을 다소 피해 가는 것이 좋다. 현금으로만 결제 가능하며, 요금에 5%의 서비스 비용이 붙는다.

주소 22 Nguyễn Huệ, Minh An, Tp. Hội An 전화 0235 386 1603 시간 11:00~21:00 메뉴 까오러우 5만 5천 동, 화이트로즈 6만 동, 호안탄찌엔(프라이드 완탕) 10만 동, 껌찌엔 하이산(해산물 볶음밥) 13만 동 위치 호이안 올드 타운, 호이안 시장 근처

반미 프엉 Bánh Mì Phượng

MAPECODE 39131

줄을 서서 먹는 호이안의 3대 반미 맛집

호이안의 3대 반미 맛집 중 하나로, 작은 가게 안에는 항상 발 디딜 틈이 없고 길 밖으로 줄을 길게 설 정도로 현지인과 여행객들 사이에서 인기가 많다. 겉은 바삭하고 속은 부드러운 반미 사이에 야채와 고기 그리고 고수 등을 넣어 먹는 바게트 샌드위치는 투박하게 생긴 것과 달리 맛이 좋다. 식당 옆에는 직접 반미를 굽는 빵 공장도 있다. 단, 내부가 좁고 더워서 포장해 가는 것이 좋다.

주소 2B Phan Châu Trinh, Minh An, Tp. Hội An 전화 090 5743 713 시간 06:30~21:30 메뉴 돼지고기 반미(Ban Mi Thit Heo, 반미팃헤오) 2만 동, 소고기 반미(Ban Mi Thit Bo, 반미팃보) 3만 동 위치 호이안 올드 타운, 미스 리 카페 22에서 도보로 약 5분 소요

반미 퀸 마담 칸 Bánh Mì Queen Madam Khanh

MAPECODE 39132

반미 여왕의 맛집

호이안 반미 프엉과 함께 대표 반미 맛집이다. 반미 프엉이 일반적인 맛의 반미라면, 반미 퀸은 향신료가 가미된 좀 더 로컬스러운 맛이다. 주문하면 바게트를 숯불에 구워서 버터를 바르고, 그 안에 특제 양념이 들어간 불고기를 넣는다. 칸Khanh 할머니가 만드는 반미는 투박하지만 고기, 계란, 야채 등이 푸짐하게 들어가 있다. 말없이 즉석에서 만들어 주는 할머니의 무뚝뚝한 표정도 반미 퀸의 인기 비결이다.

주소 115 Trần Cao Vân, Sơn Phong, Tp. Hội An 전화 0122 747 6177 시간 07:00~19:00 메뉴 반미 2만 동, 콜라 1만 5천 동 위치 호이안 올드 타운 북쪽, 호이안 역사 박물관에서 도보로 약 7분 소요

포슈아 Phố Xưa

MAPECODE 39133

거품 없는 가격으로 맛볼 수 있는 베트남 쌀국수

베트남의 다양한 쌀국수를 전문으로 하는 로컬 식당이다. 호이안 로컬 푸드 까오러우, 화이트로즈, 완탕부터 퍼보, 분짜까지 거의 모든 베트남의 국수 요리를 취급한다. 종류도 종류지만, 무엇보다 다른 호이안의 로컬 식당들에 비해 가격이 저렴한 것도 인기 비결 중 하나이다. 10개 남짓한 테이블은 항상 만원이고, 저녁 시간에는 최소 30분 이상 기다려야 할 때가 많다.

주소 35 Phan Châu Trinh, Minh An, Tp. Hội An 전화 098 380 3889 시간 10:00~21:00 메뉴 까오러우/미꽝 각 3만 5천 동, 화이트로즈 4만 동, 호안탄찌엔(프라이드 완탕) 4만 동, 분짜/퍼보/퍼가 각 4만5천 동 위치 호이안 올드 타운, 판쩌우찐(Phan Châu Trinh) 로드의 쩐가 사당 근처

홈 호이안 레스토랑 Home Hoi An Restaurant

MAPECODE 39134

쾌적한 환경에서 즐기는 파인 다이닝

호이안의 대표 음식인 까오러우와 화이트로즈부터 베트남 가정식과 정통 요리까지 취급하는 파인 다이닝이다. 호이안의 레스토랑이 대부분 야외거나 에어컨이 없는데 반해, 홈 호이안 레스토랑은 실내 좌석에 에어컨이 나와 쾌적한 식사를 할 수 있다. 다른 로컬 식당에 비해 가격대는 다소 높고 양은 조금 적을 수 있으나, 맛은 괜찮은 편이다. 식기부터 인테리어에 상당히 신경을 썼고, 호이안에서 분위기 있는 식사를 하고 싶은 사람에게 적합하다. 베트남의 요리를 배울 수 있는 쿠킹 클래스도 운영한다. 이메일 또는 홈페이지에서 미리 좌석 예약도 가능하다. 계산 시 10%의 부가세와 5%의 서비스 요금이 붙는다.

주소 112 Nguyễn Thái Học, Minh An, Tp., Hội An 전화 0235 392 6668 시간 13:00~23:00(라스트 오더 22:00) 메뉴 까오러우 15만 5천 동, 껌찌엔 하이산(해산물 볶음밥) 15만 5천 동, 'Quang' 스타일 스프링롤 14만 5천 동, 호이안 메인 코스 22만 5천 동~35만 동, 주스 5만 5천 동, 비어 라루 6만 동, 망고 주스 8만 동, 소프트드링크 5만 동 홈페이지 www.homehoianrestaurant.com 이메일 info@homehoianrestaurant.com 위치 호이안 올드 타운 내, 모닝 글로리 옆

바레웰 Bale Well

MAPECODE 39135

베트남식 쌈을 맛볼 수 있는 곳

바레웰 근처에 가면 뿌연 연기가 가득해 넴누옹Nem Nuong 맛집임을 짐작하게 한다. 넴누옹은 간 돼지고기를 모닝 글로리 줄기에 말아서 숯불에 구운 것으로, 넴누옹을 야채, 스프링롤, 반쎄오와 함께 라이스 페이퍼에 싸먹는 숯불 돼지고기 쌈이다. 자리에 앉으면 별다른 메뉴 주문 없이 인원 수대로 맞춰서 음식이 나온다. 양은 혼자서 먹기 버거울 정도로 많이 나오는데, 먹는 법을 모르면 직접 직원이 쌈을 싸는 모습을 보여 주기도 한다. '베일웰'로도 알려져 있지만, 호이안의 우물 '바레웰Bale Well'과 이름이 같다. 단, 실내 좌석이 없어서 더울 수 있다.

주소 45/51 Trần Hưng Đạo, Minh An, Tp., Hội An 전화 090 8433 121, 0235 3864 443 시간 10:00~21:00 메뉴 넴누옹 + 반쎄오 + 스프링롤 + 야채 세트 메뉴(1인) 12만 동, 소프트드링크 1만 5천 동, 비어 라루 1만 5천 동 위치 호이안 올드 타운, 판쩌우찐(Phan Châu Trinh) 로드 포슈아 맞은편 골목 안

호이안 리버사이드 레스토랑 Hoi An Riverside Restaurant

MAPECODE 39136

투본강을 바라보며 운치 있는 식사를 할 수 있는 곳

호이안 올드 타운의 투본강 바로 옆에 위치한 전망 좋은 레스토랑이다. 투본강 바로 옆에 조용하고 운치 있는 레스토랑은 드문 편인데, 소음과 번잡함에서 벗어나 오로지 투본강을 바라보며 분위기 있는 식사를 할 수 있는 곳이다. 신선한 로컬 재료로 정성껏 준비한 음식은 호텔 레스토랑임에도 가격이 합리적이다. 낮보다는 저녁 시간의 디너를 추천한다. 계산 시 10%의 부가세와 5%의 봉사료가 붙는다.

주소 1 Phạm Hồng Thái, Cẩm Châu, Hội An 전화 0235 391 4555 시간 09:00~22:30 메뉴 스프링롤(Gỏi Cuốn Tươi, 고이꾸온떠이) 18만 동, 베트남식 사떼(Thịt Xiên, 팃시엔) 18만 동, 돼지고기 비빔국수(Cao Lầu, 까오러우) 23만 동, 소고기 쌀국수(Bún bò Huế, 분보후에) 23만 동, 새우볶음(Tôm Xào, 똠싸오) 36만 동 홈페이지 hoi-an.anantara.com/hoi-an-riverside-restaurant 위치 호이안 올드 타운에서 호이안 시장 지나 도보 약 10분 소요, 아난타라 호이안 리조트 내

MAPECODE 39137

오리비 로컬 푸드 레스토랑 Orivy Local Food Restaurant

호이안의 리얼 로컬 푸드 레스토랑

호이안에서 나고 자란 오너의 어머니가 만들어 주던 호이안 로컬 푸드를 많은 사람들에게 알려 주고 싶은 마음으로 오픈한 레스토랑이다. 'From Local to the Table'이라는 모토로, 신선한 로컬 식재료를 테이블에 내놓고자 하는 오너 셰프의 의지가 돋보인다. 식당에서 사용하는 모든 식재료는 짜께Tra Que섬에서 가져오는데, 짜께 지역은 데봉De Vong강을 중심으로 미네랄이 풍부한 토양에서 자라는 싱싱한 채소로 유명하다. 대문 안으로 들어서면, 호이안의 어느 가정집에 들어간 것과 같은 넓은 마당에 큰 창문이 달린 집으로 둘러싸여 있다. 레스토랑의 분위기뿐만 아니라 그릇과 음식 맛의 퀄리티가 호이안의 다른 식당들보다 수준이 높다. 식재료부터 플레이팅까지 신경 쓴 노력들이 맛의 차이에서 확연히 느껴진다. 한국의 음식 프로그램에 나와서 더욱 인기를 끌기도 했다. 꼭 가 봐야 한다면, 예약은 필수다.

주소 576/1 Cửa Đại, Cẩm Châu, Tp. Hội An 전화 090 5306 465 시간 12:00~22:00 메뉴 짜조 6만 7천 동, 호안탄 찌엔(프라이드 완탕) 7만 5천 동, 반쎄오 7만 3천 동, 까오러우 7만 1천 동, 호안탄느억(물만두국) 7만 5천 동, 화이트로즈 6만 5천 동, 비어 라루 2만 1천 동, 오렌지 주스 3만 7천 동 홈페이지 www.orivy.com 위치 호이안 올드 타운, 쩐흥다오(Trần Hưng Đạo) 로드 메종비 호텔 근처, 내원교에서 도보로 약 16분 소요

MAPECODE 39138

소울 키친 Soul Kitchen

윤식당 같은 안방 비치의 인기 식당

안방 비치에서 가장 인기 있는 레스토랑이다. 식당이 있을 것 같지 않은 좁은 골목길 안쪽으로 들어가면 생각보다 넓은 공간이 나오는데, 바로 그곳에 항상 사람들로 붐비는 소울 키친이 나온다. 특히 안방 비치가 내려다보이는 언덕에 있어 낮에는 해변의 비치 베드에서 수영하며 시간을 보내는 사람들이 많다. 해변 근처의 레스토랑답게 간단하게 샤워할 수 있는 시설도 있어 편리하다. 간단하게 먹을 수 있는 핑거푸드나 햄버거류가 인기 메뉴다. 밥만 먹고 바로 오기보다 안방 비치에서 시간을 보내고 오면 좋다.

주소 Biển An Bàng, Cẩm An, tp. Hội An 전화 090 644 0320 시간 07:00~23:00 메뉴 소울 버거 15만 5천 동, 시푸드 파파야 샐러드 14만 5천 동, 치킨 데리야키 16만 동, 시푸드 스퀴어 18만 동, 껌찌엔 하이산(해산물 볶음밥) 11만 동, 미싸오보(소고기볶음면) 13만 5천 동, 주스 6만 동, 소프트드링크 3만 5천 동 홈페이지 www.soulkitchen.sitew.com 위치 호이안 안방 비치 입구에서 왼쪽 골목 안

와카쿠 Wakaku

MAPECODE 39139

일본인 셰프가 정성껏 요리하는 정통 일식당

다낭과 호이안에서 만나기 힘든 정통 일식당으로, 일본인 셰프가 신선한 스시를 만든다. 흉내만 내는 일식당이 아닌 참치, 오징어, 연어, 새우, 도미 등 다양한 재료의 사시미 메뉴와 주먹밥 니기리Nigiri와 데마키Temaki, 화로 구이인 로바다야키Robatayaki 등의 다양한 일식 메뉴가 있다. 호텔 레스토랑이나 가격은 합리적이다. 특히 롤 종류나 초밥은 정통 일본식으로 하려고 노력한 흔적이 보이며, 한국에서 먹던 맛과 비슷한 수준이다.

모던한 일본풍 인테리어로 장식한 식사 공간은, 밖의 시끄러움과 달리 쾌적하고 조용한 분위기이다. 와카쿠Wakaku는 일본인과 국제결혼했던 응우옌 왕조 공주의 일본 이름이다. 호텔 로얄 엠 갤러리 내에 위치하며, 저녁 시간에만 운영한다.

주소 39 Đào Duy Từ, Cẩm Phô, Hội An 전화 0235 3950 777 시간 18:00~22:00 메뉴 사시미 와카쿠 셀렉션 75만 동, 니기리(주먹밥) 10만 동~, 에비 덴푸라(새우튀김) 22만 동, 우라마키(김밥, 롤) 15만 동~ 위치 호이안 올드 타운, 로얄 엠 갤러리 호텔 1층

호이안 로스터리 Hoian Roastery

MAPECODE 39140 39141 39142 39143 39144

화보 같은 올드 타운 전경을 볼 수 있는 대표 카페

호이안 올드 타운에만 6개 지점이 있는 호이안의 대표 카페이다. 베트남 커피 대표 산지인 달랏Dalat에서 생산된 아라비카 원두와 로부스타 원두를 가져와 호이안에서 직접 로스팅한다. 카페 덴다와 카페 쓰어다를 주문하면 그 자리에서 베트남식 드립퍼인 핀으로 내려주는데, 함께 판매하는 크루아상이나 케이크 등과 같은 디저트가 커피와 잘 어울린다. 고풍스러운 카페 인테리어와 창밖으로 보이는 호이안 올드 타운 전경이 화보 같은 분위기를 연출한다. 카페에서 커피 원두도 따로 구입할 수 있다. 단, 원두는 구매 시 추가 세금이 붙는다.

주소 685 Hai Bà Trưng, Minh An 전화 0235 392 7772 시간 07:00~22:00 메뉴 아메리카노 5만 동, 카푸치노/카페 라테/카페 쓰어다 각 5만 5천 동, 카페 덴다 4만 5천 동, 아이스티 5만 동, 아라비카 원두 15만 9천 동, 로부스타 원두 12만 9천 동 홈페이지 hoianroastery.com 위치 쩐푸 로드와 르로이 로드가 만나는 곳

올드 타운 내 호이안 로스터리 지점

위치 탐탐 카페 앞

위치 내원교 근처 하이바쯩(Hai Bà Trưng) 로드

위치 안호이 다리와 민속 박물관 중간 강변

위치 복건 회관 맞은편

MAPECODE 39145 39146 39147 39148

코코 박스 CoCo Box

로컬 농장에서 가져온 신선한 과일로 만든 주스

호이안 로스터리와 같은 회사로, 로컬 농장에서 바로 가져온 신선한 과일로 만드는 건강한 주스를 판매하는 카페이다. 수박, 망고 등의 익숙한 재료부터 생강, 모닝 글로리 등 색다른 재료로 만드는 독특한 주스가 이색적이다. 주스 마스터가 있어 'The Hulk Effect, I'm Glowing' 같이 특이한 이름의 서로 어울리지 않을 것 같은 재료를 섞어 건강한 맛의 주스를 만든다. 입구에 신선한 과일을 배치해 둔 오픈 키친으로, 직접 블렌딩하는 모습을 볼 수 있다. 과일을 그대로 갈아 진하고 풍부한 향이 건강해지는 느낌을 주며, 더운 날씨에 잠시 들러서 더위를 식히고 가기에 좋다.

주소 3 Châu Thượng Văn, Minh An 전화 0235 3862 0000 시간 09:00~21:00 메뉴 Cold Pressed Juices/Blends Juices(혼합 주스)/스무디 6만 5천 동~ 홈페이지 www.cocobox.vn 위치 안호이 다리 앞

올드 타운 내 코코 박스 지점

위치 민속 박물관 옆 위치 르로이(Lê Lợi) 로드와 응우옌타이혹(Nguyễn Thái Học) 로드가 만나는 곳 위치 응우옌타이혹 로드에 민속 박물관 뒤편

Massage
호이안의 마사지

호이안 올드 타운 주변으로는 마사지 숍도 많고, 도보로 찾아가기 쉬운 거리여서 마사지 받기가 매우 편하다. 또한 올드 타운을 둘러본 후 더운 날씨를 피해 쉬어 가기도 좋다. 저녁 시간에는 올드 타운에 많이 사람이 몰리니 이용하려면 미리 예약하자!

팔마로사 스파 Palmarosa Spa

MAPECODE 39149

호이안의 인기 마사지 숍

호이안에서 가장 먼저 알려지고 꾸준한 인기를 끌고 있는 로컬 스파이다. 호이안의 다른 로컬 마사지 숍에 비해 고급스러운 인테리어와 깔끔한 분위기로 알려지기 시작했다. 시설 좋은 로컬 마사지가 많지 않은 호이안 올드 타운에서 가깝고, 중간 이상의 마사지 실력을 갖춘 로컬 숍이다. 명성만큼이나 인기가 많아서 홈페이지 또는 이메일로 미리 예약해야 한다.

주소 90 Bà Triệu, Cẩm Phô, Tp. Hội An 전화 0235 3933 999 시간 10:00~21:00 요금 팔마로사 시그니처 마사지(100분) 62만 동 / 임산부 마사지(60분) 42만 동 / 핫 스톤 마사지(90분) 57만 동 / 스포츠 마사지(60분) 42만 동 / 키즈 마사지(60분) 38만 동 홈페이지 www.palmarosaspa.vn 이메일 palmarosaspa@yahoo.com 위치 호이안 올드 타운 위쪽, 호이안 페바 초콜릿을 지나 삼거리에서 왼쪽 골목 안, 내원교에서 도보로 약 7분 소요

엔젤 스파 The Angel Spa

MAPECODE 39150

깔끔하고 저렴한 야시장 근처의 마사지 숍

호이안 올드 타운의 안호이 다리 건너편 야시장 입구에 있는 스파 숍이다. 시장 한가운데 있는 모던하고 예쁜 외관이 시선을 끈다. 주변에 실크 마리나, 빈홍 에메랄드 등 인기 호텔들이 모여 있어 고정 고객이 많은 편이다. 호이안에서 좀처럼 보기 힘든 '에어컨'이 나오는 스파로, 고급스러운 외관에 비해 가격도 저렴한 편이다.

주소 7 Nguyễn Hoàng, An Hội, Minh An, Tp. Hội An 전화 0235 3939 717 시간 10:00~22:00 요금 Asian Blend Body Therapy(60분) 35만 동 / Aromatherapy Body Massage(60분) 40만 동 / Angel Spa Signature Massage(75분) 50만 동 / Hot Stone Body Therapy(60분) 38만 동 홈페이지 angelspahoian.com 위치 호이안 올드 타운 투본강 건너편, 안호이 다리 건너 호이안 야시장 내

MAPECODE 39151

라 루나 스파 La Luna Spa

최고 핫한 고급스러운 로컬 스파

팔마로사 바로 맞은편에 위치하지만, 공격적인 마케팅으로 최근에는 팔마로사보다 더 유명세를 타고 있는 핫한 마사지 숍이다. 작은 외관과는 달리 내부의 인테리어와 시설은 매우 고급스럽다. 1층에 리셉션과 발 마사지 의자가 있고, 2층은 개별로 된 스파룸이 있다. 직원들이 친절하고 한국어 안내판도 있어 이용이 편리하다. 또한 이메일로 예약하면 회신이 빠른 것도 장점이다. 오전 10시부터 오후 1시 사이에는 할인 프로모션이 있으니 홈페이지를 미리 확인하자. 또한 오후에는 반드시 예약하고 가는 것이 좋다.

주소 111 Bà Triệu, Cẩm Phô, Tp. Hội An 전화 0235 3666 636 시간 10:00~22:00 요금 Relaxing Body Treatment (60분) 38만 동, (90분) 48만 동 / Relax Full Body Thailand(70분) 50만 동 / Hot Stone Massage(90분) 50만 동 홈페이지 lalunaspa.com.vn 이메일 info@lalunaspa.com.vn 위치 호이안 올드 타운 위쪽, 팔마로사 스파 맞은편

MAPECODE 39152

매직 스파 The Magic Spa

트립 어드바이저에 인기 마사지 가게

호이안 올드 타운의 안호이 다리 건너편 골목 안에 위치한 스파로, 찾아오기 불편함에도 인기가 많은 스파다. 트립 어드바이저에서 인기 마사지 숍으로 알려져 현재는 한국인 손님도 많이 찾아온다. 3층의 단독 건물이고 마사지룸은 깔끔하며 샤워실도 구비되어 있다. 실크 마리나 리조트 바로 앞에 있다.

주소 48 Cao Hong Lanh, An Hội, Minh An, An Hoi, Quảng Nam 전화 0235 3914 888 시간 10:00~22:00 요금 매직 시그니처 마사지(90분) 50만 동 / 아로마 테라피 마사지(90분) 55만 동 / 핫 스톤 마사지(90분) 55만 동 / 발 마사지(60분) 30만 동 / 타이 마사지(90분) 65만 동 홈페이지 themagicspa.com 위치 호이안 올드 타운 투본강 건너편, 실크 마리나 리조트와 빈흥 에메랄드 리조트 근처에 위치

라 시에스타 스파 La Siesta Spa

MAPECODE 39153

인기 리조트인 라 시에스타의 부속 스파

라 시에스타 리조트의 부속 스파로, 리조트 규모에 비해 스파 시설이 크고 서비스 수준이 5성급 호텔의 부속 스파 못지않다. 이러한 이유로 투숙객뿐만 아니라 외부에서 찾아오는 사람도 많다. 단품보다 2~3시간 코스 스파 프로그램이 인기이다. 호이안에서 수준 있는 서비스의 스파 패키지를 받고 싶은 사람에게 적당하다.

주소 132 Hùng Vương, Thanh Hà, Tp. Hội An 전화 0235 915 915 시간 09:00~22:00(마지막 예약 21:00) 요금 Swedish Massage(60분) 67만 5천 동 / Relaxation Treatment(60분) 75만 동 / Hot Stone Massage(60분) 81만 동 / Foot Remedy(60분) 64만 5천 동, The Pamper Package(핫 스톤 + 페이셜, 90분) 115만 동, The Sky Package(핫 스톤 + 풋 케어 + 피부 관리, 3시간 35분) 269만 동 홈페이지 lasiestaresorts.com/la-siesta-spa 위치 호이안 올드 타운, 라 시에스타 리조트 내, 내원교에서 도보로 약 15분 소요

마이치 스파 My Chi Spa

MAPECODE 39154

오감을 자극하는 힐링 스파

잔잔하게 흐르는 물소리와 시원하게 불어오는 바람 그리고 은은하게 풍기는 샌들우드향이 스파 센터에 들어서는 순간 오감을 자극한다. 마사지가 주력인 일반 스파와는 달리 요가, 명상, 타이치Tai Chi 등 참여 프로그램도 운영한다. 알마니티 호이안 리조트 부속 스파로 투숙객은 매일 90분의 명상, 요가 프로그램 또는 마사지를 받을 수 있다.

주소 326 Lý Thường Kiệt, Cẩm Phô, Tp. Hội An 전화 0235 3666 111 시간 10:00~21:00 요금 Wellness Paths Rituals(2시간 30분) 205만 동 홈페이지 mychispa-hoian.com 위치 호이안 올드 타운, 알마니티 호이안 리조트 내, 내원교에서 도보로 약 15분 소요

Sleeping

호이안의 숙소

호이안의 느낌이 물씬 풍기는 고풍스러운 베트남식 인테리어로 치장한 부티크 호텔부터 안방 비치와 끄어다이 비치의 한적한 리조트들까지, 호이안에서 보내는 하룻밤은 특별하다. 호이안은 다낭과 마찬가지로 타운과 바다를 모두 경험할 수 있는 매력적인 여행지이다.

아난타라 호이안 리조트 Anantara Hoi An Resort

MAPECODE 39155

넓은 부지에 정원이 아름다운 리조트

아난타라 리조트는 호텔 입구에서부터 직원들의 따뜻한 환영과 세심한 서비스가 시작된다. 호이안 올드 타운에서 벗어난 위치의 아난타라 리조트는, 건물들 사이에 잘 가꾸어진 넓은 정원이 있어 올드 타운과는 다른 느낌을 선사한다. 객실은 1.5층으로 단이 나뉘어 있고, 층고가 높아 넓고 쾌적한 느낌을 준다. 무엇보다도 리조트 부지가 넓어 93개의 객실이 있다고는 믿기 힘들 정도로 어디서나 넉넉함과 여유로움이 가득하다. 시간이 천천히 흐르는 듯, 올드 타운의 소란스러움에서 살짝 벗어나 과거의 여유 있는 호이안의 모습을 접할 수 있는 곳이다. 올드 타운에서 멀지 않으면서도 휴양을 즐기기에 최적이다. 요일별로 제공되는 다양한 액티비티 프로그램이 있어 참여해 봐도 좋다.

주소 1 Phạm Hồng Thái, Cẩm Châu, Hội An 전화 0235 391 4555 요금 $150~ 홈페이지 hoi-an.anantara.com 위치 호이안 올드 타운 근처, 호이안 시장에서 도보로 약 10분 소요

알마니티 호이안 리조트 Almanity Hoi An Resort

MAPECODE 39156

호이안의 고풍스러움이 물씬 풍기는 리조트

알마니티 리조트 안으로 들어서는 순간, 밖으로부터의 복잡함이 차단되는 느낌을 받는다. 'ㅁ'의 건물 구조 때문이기도 하지만, 흐르는 물소리와 수영장을 둘러싼 나무들이 외부의 소음을 차단하고 평온한 분위기를 만들기 때문이다. 호이안의 고풍스러움이 물씬 풍기는 객실 인테리어는 바닥의 타일 무늬부터 문고리 그리고 욕실의 수건까지 모두 베트남 전통 양식을 사용했으며, 아이보리톤의 은은한 색과 조명이 편안함을 극대화한다. 그리고 알마니티 리조트는 투숙객에게 매일 90분 스파 프로그램이 제공되는데(예약 조건에 따라 다름), 90분은 마사지와 명상 그리고 요가로 다양한 프로그램을 선택할 수 있다. 도착하는 순간부터 가족처럼 환영해 주는 친절한 직원들의 서비스도 알마니티의 장점이다. 조식은 호이안 로컬 푸드부터 인터내셔널 푸드까지 다양하게 나오는 편이다. 자전거도 무료로 빌려준다.

주소 326 Lý Thường Kiệt, Cẩm Phô, Tp. Hội An 전화 0235 3666 888 요금 $180~ 홈페이지 www.almanityhoian.com 위치 호이안 올드 타운, 내원교에서 도보로 약 15분 소요

호텔 로열 엠 갤러리 바이 소피텔 Hotel Royal M Gallery by Sofitel

MAPECODE 39157

일본과 인도차이나의 건축 양식이 돋보이는 부티크 호텔

엠 갤러리는 어코르 호텔 그룹이 베트남 내에 오픈한 첫 번째 5성급 호텔이다. 호이안 올드 타운과는 불과 5분 거리에 위치해 주요 관광지와의 접근성이 매우 좋다. 더욱 매력적인 것은 바로 엠 갤러리의 독창적인 인테리어이다. 17세기 호이안에 정착했던 일본 상인과 후에의 공주가 처음으로 국제결혼을 했는데, 그 실화를 기반으로 17세기 인도차이나 건축 양식과 일본의 문양 등을 인테리어에 반영하였다. 고급 침구를 사용하고, 조식에서는 호이안 로컬 푸드 까오러우도 직접 만들어 준다. 객실 어메니티는 록시땅을 사용한다.

주소 39 Đào Duy Từ, Cẩm Phô, Hội An 전화 0235 3950 777 요금 $150~ 홈페이지 www.hotelroyalhoian.com 위치 호이안 올드 타운, 내원교에서 도보로 약 5분 소요

라 시에스타 리조트 & 스파 La Siesta Resort & Spa

MAPECODE 39158

가성비 좋은 부티크 리조트

호이안의 유명한 부티크 호텔인 에센스 호이안Essence Hoian 호텔이 신관을 확장하여 라 시에스타 리조트 & 스파로 이름을 변경하였다. 신관과 구관으로 나뉘어 있어 규모가 상당하며, 각 빌딩에 별도의 수영장까지 갖추고 있다. 아이보리톤의 객실에는 베트남 전통 가구를 두어 편안하면서도 현지 분위기를 물씬 풍긴다. 부속 스파인 '라 시에스타 스파'는 고급스러운 시설과 마사지 실력으로 유명하다. 메인 레스토랑인 '레드 빈Red Bean'에서는 쿠킹 클래스를 진행하며, 미선 유적지와 다낭 시티 투어 등 다양한 투어 프로그램도 있어 예약 후 이용이 가능하다. 투숙객에게는 무료로 자전거를 빌려주고, 안방 비치로 셔틀도 운행한다.

주소 132 Hùng Vương, Thanh Hà, Tp. Hội An 전화 0235 3915 915 요금 $100~ 홈페이지 lasiestaresorts.com 위치 호이안 올드 타운, 내원교에서 도보로 약 15분 소요

빈펄 호이안 리조트 & 빌라스 Vinpearl Hoi An Resort & Villas

MAPECODE 39159

대가족이 함께 하기에 좋은 리조트

2016년에 오픈한 빈펄 호이안 리조트는 끄어다이 비치 남단에 위치한 신생 리조트이다. 베트남 리조트 그룹 빈펄에서 다낭에 이어 호이안에 두 번째로 오픈한 리조트이다. 일반 객실이 있는 리조트와 15채의 풀 빌라가 있으며, 객실은 화이트톤의 가구를 사용하여 다낭 빈펄 리조트에 비해 더욱 모던한 분위기이다. 리조트 중앙에는 상당히 큰 규모의 메인 수영장이 있고, 스파와 키즈 클럽 그리고 간호사가 있는 클리닉이 있어 가족 여행객들에게는 최고의 인기 리조트이다. 특히 바다에 위치한 오션뷰 풀 빌라는 3~5 베드룸으로 대가족이 머물기에 좋다. 호이안 올드 타운으로 셔틀도 운행하고 있어 편리하다.

주소 Tổ 6, Khối Phước Hải, Phường Cửa Đại, Tp. Hội An 전화 0235 375 3333 요금 $200~ 홈페이지 vinpearl.com/hoi-an-resort-villas 위치 끄어다이 비치 남단, 호이안 올드 타운에서 차로 약 20분 소요

팜가든 비치 리조트 앤 스파 Palm Garden Beach Resort & Spa

MAPECODE 39160

야자나무 정원이 아름다운 비치 리조트

팜가든 리조트는 이름처럼 정원에 수십 그루의 야자나무가 있어 휴양지 느낌이 물씬 나는 비치 리조트이다. 리조트 곳곳의 넓은 잔디밭과 잘 정돈된 정원수가 아름다워 숲속에 들어온 분위기이다. 객실은 1~3층까지 높지 않은 빌라 타입으로, 천장이 높고 따뜻한 색의 나무로 마감하여 편안함을 준다. 리조트 중앙에 웅장한 수영장이 있고, 3개의 레스토랑과 1개의 스파, 키즈 클럽 등 부대시설도 잘 갖춰져 있다. 룸 컨디션과 조식도 좋은 편으로 끄어다이 비치에서 가성비 높은 비치 리조트이다. 매일 다양한 액티비티 프로그램을 운영하고, 올드 타운으로 가는 셔틀도 있다.

주소 Lạc Long Quân, Cẩm An, Hội An 전화 0235 3927 927 요금 $130~ 홈페이지 palmgardenresort.com.vn 위치 호이안 끄어다이 비치, 올드 타운에서 차로 약 15분 소요

선라이즈 프리미엄 리조트 Sunrise Premium Resort

MAPECODE 39161

해변까지 길게 연결된 수영장이 있는 리조트

끄어다이 비치에 위치한 비치 리조트로, 2012년에 선라이즈 리조트로 오픈 후 2015년 리노베이션을 거쳐 선라이즈 프리미엄으로 업그레이드하였다. 리조트 중심에서 해변까지 길게 연결된 수영장과 모던한 객실로 한국 여행객들 사이에서 이미 인기다. 일반 디럭스룸부터 빌라 그리고 풀 빌라까지 다양한 룸 타입도 선라이즈의 특징이다. 호이안 올드 타운으로 셔틀도 운행한다.

주소 Dường Âu Cơ, phường Cửa Đại, thành phố Hội An 전화 0235 393 7777 요금 $180~ 홈페이지 sunrisehoian.vn 위치 호이안 끄어다이 비치, 올드 타운에서 차로 약 15분 소요

실크 마리나 리조트 & 스파 Silk Marina Resort & Spa

MAPECODE 39162

주변 관광지와 접근성이 좋고 전망이 좋은 숙소

호이안 올드 타운에서 도보로 가까운 거리에 있으며, 주변에 야시장 등이 있어 접근성이 뛰어난 숙소이다. 또한 투본강을 조망할 수 있고, 넓은 부지에 위치해 여유로움이 느껴지는 것도 장점이다. 리조트 수영장과 객실이 투본강을 바라보고 열려 있는 구조라 답답하지 않으며, 비치 리조트 같은 분위기를 연출한다. 호이안의 전통 등과 문양 등으로 꾸며진 객실은 일반 호텔 객실 사이즈보다 넓고 쾌적한 편이다. 웅장한 수영장 주변에는 정원이 잘 조성되어 있다. 무료로 자전거를 빌릴 수 있고, 안방 비치로 셔틀도 운행한다.

주소 74-18 Tháng 8, Cẩm Phô, Tp. Hội An, Quảng Nam 전화 0235 393 8888 요금 $90~ 홈페이지 www.hoiansilkmarina.com 위치 호이안 올드 타운 투본강 근처, 올드 타운에서 도보로 약 7분 소요

EMM 호텔 호이안 ÊMM Hotel Hoi An

MAPECODE 39163

편안한 마음으로 머물 수 있는 가성비 좋은 호텔

베트남 EMM 호텔 그룹에서 2017년 3월에 오픈한 새 호텔이다. EMM은 '평온하고 편안한'이라는 베트남어 'EM'과 '모던Modern'의 M의 합성어로, 평온하면서도 편안함을 추구하는 모던한 호텔이라는 뜻이다. 호이안 올드 타운에서 도보로 약 10분 거리에 있으며, 깔끔한 객실에 수영장까지 갖추고 있어 가성비 좋은 호텔이다. 특히 프리미어룸은 일반 객실의 1.5배 정도 되는 상당히 넓은 객실로 3인이 묵기에도 충분하다. 작지만 키즈 클럽도 있고, 끄어다이 비치의 빅토리아 호이안 리조트와 같은 계열이다. 빅토리아 리조트로 셔틀을 운행하기도 한다.

주소 187 Lý Thường Kiệt, Sơn Phong, Tp. Hội An, Quảng Nam 전화 0235 626 9999 요금 $50~ 홈페이지 emmhotels.com/en/hotels/emm-hotel-hoian 위치 호이안 올드 타운, 내원교에서 도보로 약 15분 소요

호이안 히스토릭 호텔 Hoi An Historic Hotel

MAPECODE 39164

호이안 올드 타운 느낌의 분위기 있는 호텔

호이안 올드 타운에서 도보로 약 5분 거리에 위치한 호이안 히스토릭 호텔은, 호이안 올드 타운의 분위기를 연장한 듯한 느낌의 호텔이다. 올드 타운과 가까우면서도 넓은 부지와 잘 가꾸어진 정원은 편안함을 준다. 1991년 오픈하여 호이안의 역사와 함께한 호텔로, 유지 보수가 잘 되어 있는 편이다. 쿠킹 클래스, 타이치Tai Chi 강습, 베트남어 배우기, 짜께Tra Que 빌리지 쿠킹 투어 등의 다양한 액티비티 프로그램도 운영한다. 리조트 컨디션에 비해 숙박료가 저렴해 가성비도 좋은 호텔이다. 끄어다이 비치로 셔틀도 운행한다.

주소 10 Trần Hưng Đạo, Minh An, tp. Hội An 전화 0235 386 1445 요금 $80~ 홈페이지 www.hoianhistorichotel.com.vn 위치 호이안 올드 타운 근처, 호이안 박물관 옆

베트남의 문화 수도, 안 가면 후회하는 후에(Hue)

베트남에서 가장 베트남다운 곳이 바로 후에이다. 중부 흐엉 강변에 위치한 후에는 베트남의 역사와 종교 그리고 문화의 중심지이다. 후에는 300년간의 중국 지배에서 벗어나 1802년 베트남을 통일한 응우옌 왕조의 도읍지였고, 1945년 베트남의 마지막 왕인 바오 다이Bao Dai가 퇴위할 때까지 수도로 남아 있었다. 1960~1970년 베트남 전쟁으로 도시의 80%가 파괴되는 아픔을 겪기도 했지만, 도시 곳곳에서 지금도 여전히 융성했던 17세기 베트남의 역사적인 모습을 만나볼 수 있다. 베트남의 전통 의상인 아오자이가 처음으로 만들어진 곳도 바로 후에이다.

후에에서 놓치지 말아야 할 것!

❶ 후에 문화의 중심인 후에성과 황릉
❷ 후에의 3대 음식인 반베오, 넴루이, 분보후에
❸ 베트남 중부 최대의 로컬 마켓인 동바 시장
❹ 여행자의 거리에서 즐기는 나이트 라이프

Hue Information

후에 지역 정보

개요

후에는 1802년 응우옌 왕조의 첫 번째 황제인 지아롱Gia Long 황제에 의해 수도가 된 이후 1945년 베트남에 공산 정부가 수립되기 전까지, 17~18세기 베트남의 수도였다. 베트남 전쟁 시 가해진 집중적인 폭격으로 대부분의 유적지가 유실되거나 파괴되는 아픔을 겪었다. 후에성과 황릉을 포함한 지역이 '후에 기념물 복합지구 Complex of Hue Monuments'로 1993년 유네스코 세계 문화유산으로 지정되어 보호·관리되고 있다.

위치

베트남 중부 투어띠엔Thua Thien성의 성도(省都)로, 다낭에서 약 110km, 호이안에서 약 130km 떨어진 곳에 위치하고 있으며, 차량으로 각각 약 2시간, 3시간이 소요된다.

면적, 인구

후에의 면적은 70.67km²이고, 인구는 약 354,100명이다.

후에의 교통

후에에서 가장 가까운 공항은 시내에서 남동쪽으로 약 15km 정도 떨어진 푸바이 국제공항으로 하루에 하노이-후에(약 3편), 호찌민-후에(약 10편), 달랏-후에(1편)를 운항한다. 그러나 후에를 방문하는 외국 여행객들은 대부분 다낭 국제공항으로 들어와서, 차량을 이용해 다낭에서 후에로 이동한다.

베트남항공 www.vietnamairlines.com
비엣젯항공 www.vietjetair.com
젯스타항공 www.jetstar.com

푸바이 국제공항 Phu Bai International Airport

주소 Khu 8, Phường Phú Bài, Thị Xã Hương Thủy, Tỉnh Thừa Thiên Huế **전화** 0234 3861 131
홈페이지 phubaiairport.vn

다낭과 후에는 기차로 이동할 수 있으며, 약 2시간 30분 정도 소요된다. 좌석은 에어컨 없는 하드 싯Hard Seat, 에어컨이 나오는 하드 싯, 에어컨이 나오는 소프트 싯Soft Seat, 그리고 6인실 침대칸Hard Berth, 4인실 침대칸Soft Berth으로 나뉜다. 예약 및 티켓 구입은 철도 예약 사이트에서 할 수 있다.

후에 기차역 Hue Train Station(Ga Huế)

주소 Sunny B. Hotel, Nguyen Tri Phường Street, Phường Đúc, Tp. Huế, Thừa Thiên Huế **전화** 0234 3822 175 **홈페이지(기차 예약)** www.vietnam-railway.com / www.dsvn.vn

다낭 - 후에 간 기차 요금 및 시간(SE 등급 기차 기준)

구간	거리	소요 시간	하드싯 노 에어컨	하드싯 +에어컨	소프드싯 +에어컨	6인실 침대칸	4인실 침대칸
다낭-후에	105km	2시간 30분	4만 4천 동	4만 7천 동	6만 6천 동	1층 : 7만 6천 동 2층 : 7만 1천 동 3층 : 5만 9천 동	1층 : 8만 9천 동 2층 : 8만 동

다낭-후에, 호이안-후에 간 장거리 슬리핑 버스로 이동이 가능하다. 요금 및 스케줄은 변동될 수 있으니, 신 투어리스트 홈페이지에서 자세한 사항을 확인하도록 하자.

다낭→후에	09:15, 14:30	후에→다낭	08:00, 13:15
호이안→후에	08:30, 13:45	후에→호이안	08:00, 13:15

신 투어리스트 The Sinh Tourist

주소 37 Nguyễn Thái Học, Phú Hội, Tp. Huế, Thừa Thiên Huế **전화** 0234 3845 022
시간 06:30~20:30 **홈페이지** www.thesinhtourist.vn **이메일** hue@thesinhtourist.vn

다낭에서 후에까지는 약 110km로 택시로 이동하기에는 먼 거리다. 다낭이나 호이안에서 후에로 이동할 때에는 현지 여행사의 픽업 차량이나 호텔 차량을 이용하는 것이 편리하고 안전하다. 다낭-후에 간 택시비는 약 110만~130만 동 정도이다.

현지의 한국인이 운영하는 여행사에서 다낭 국제공항 – 후에 간 이동이나 반일, 전일 같은 후에 시티 투어를 할 때 기사를 포함해 차량을 대여할 수 있다. 한국인 담당자가 있어 예약과 의사소통이 편리하다. 하루 정도 렌트해서 다낭과 후에로 이동 후, 후에성과 황릉을 둘러보면 좋다. 7인승부터 35인승까지 있고, 요청하면 카시트 등도 함께 빌릴 수 있다.

몽키 트래블

전화 0236 3817 576, 070 8614 8138(한국)
홈페이지 vn.monkeytravel.com

롯데 렌트카 다낭 지점

전화 0236 391 8000, 070 7017 7300(한국)
홈페이지 cafe.naver.com/rentacardanang

다낭 보물창고

전화 012 6840 4389, 070 4806 8825(한국)
홈페이지 cafe.naver.com/grownman
카카오톡 kanggunmo84

대부분의 호텔은 사전에 요청하면 호텔 차량으로 다낭 국제공항과 후에 호텔 간 픽업 서비스를 유료로 제공한다. 예약된 시간에 공항으로 직접 나오고, 호텔로 바로 이동해서 편리하다. 호텔 예약 시, 호텔로 직접 메일을 보내서 예약하고 이용하면 된다. 다낭 국제공항과 후에 시내 호텔 간 편도 요금은 약 $65~70 정도다.

기타 교통수단

택시

푸바이 국제공항과 후에 시내의 호텔 주변에는 택시가 많이 서 있다. 주로 푸바이 국제공항에서 시내 호텔로 이동하거나 후에 시내를 이동할 때 가장 많이 이용한다. 다낭과 마찬가지로 비나선Vinasun, 마이린Mailinh, 티엔사Tien Sa 등의 택시 회사가 있다. 기본요금은 7천 동 정도이며, 1km당 1만 동 정도 나온다고 보면 된다. 황릉이나 티엔무 사원 등 후에 시티 투어를 할 때에는 미리 가격을 흥정해서 이용하기도 한다.

지역 간 예상 택시비

다낭 국제공항 – 후에 약 110만 동
호이안 – 후에 약 130만 동
푸바이 국제공항 – 후에 시내 약 15만 동
후에 기차역 – 후에 시내 약 2~3만 동

자전거

후에는 외곽의 황릉이나 티엔무 사원을 제외하고는 걸어서도 다닐 수 있을 만큼 작은 도시다. 자전거를 타고 다니기에 좋으나, 오토바이가 많아 좁은 골목을 다닐 때에는 주의해야 한다.

시클로

후에 시내 곳곳에서 적지 않은 시클로를 만나게 된다. 현지인들보다 주로 관광객들을 대상으로 운영하며, 길에 서 있다가 여행객이 지나가면 가격을 부른다. 시클로를 탈 때에는 반드시 목적지나 거리에 대한 요금을 흥정해야 한다. 또 '10'이라고 말한다면 10만 동이 아니라 $10라는 점을 알아 두자. 보통 시내에서 탈 경우 $10를 부르고, 흥정하면 요금이 조금 내려간다. 시클로는 오래 타는 것보다 경험으로 적당히 타보는 것이 좋은데, 후에성 주변에서 탈 것을 추천하다. 시클로를 타고 후에성 주변을 돌면 성채의 고풍스러운 분위기를 흠뻑 느끼며 여유롭게 둘러볼 수 있다.

쎄옴 Xe Om

후에에서도 쎄옴은 현지인들에게 중요한 교통수단이다. 후에 시내에서 후에성이나 동바 시장 정도의 가까운 거리는 이용해도 무방하지만, 황릉이나 시 외곽은 오토바이에 익숙하지 않은 사람들에게는 불편하고 위험할 수 있다. 먼 거리를 갈 때에는 가급적 차량을 이용하는 것이 안전하다.

셔틀버스

대부분 후에의 호텔은 호텔과 후에 시내 간 셔틀을 운행한다. 셔틀은 후에 시내 중심에서 내려주며, 가까운 거리에 후에성과 동바 시장 그리고 여행자 거리로의 이동이 가능하다. 좌석과 시간이 한정적이므로 사전에 예약하고 이용하는 게 좋다.

후에 추천 코스

황릉 + 후에성 전일 코스
(9시간 소요)

후에에서 꼭 가봐야 하는 황릉 3곳과 후에성 그리고 티엔무 사원을 하루에 모두 돌아보는 일정이다. 체력 소모가 크고 이동 거리가 있어, 아침 일찍 시작하는 것이 좋다. 날씨가 많이 무더워 걷기 힘들면 가장 멀리 있는 민망 황릉과 동바 시장은 일정에서 제외해도 된다.

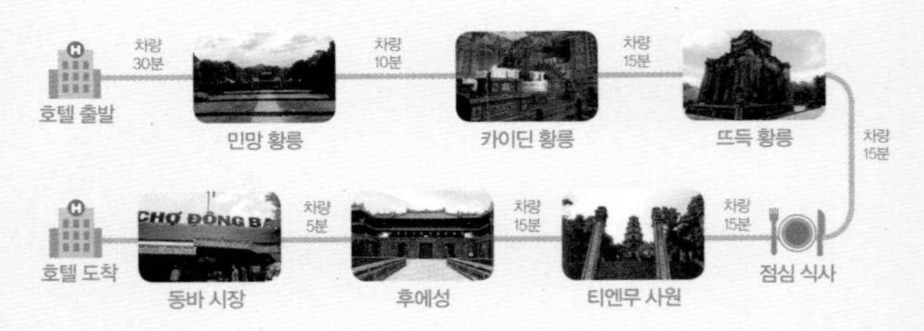

후에 시내 워킹 코스
(3시간 소요)

후에 시내와 여행자의 거리를 도보로 돌아보는 코스이다. 뜨거운 낮보다 저녁에 여행자 거리를 즐기려면 오후 5~6시쯤에 돌아보면 좋다. 천천히 걸으면서 후에 시내의 고풍스러운 분위기를 만끽하고 저녁 식사와 마사지를 받은 후 전망 좋은 바에서 야경을 보며 하루를 마무리하는 일정이다.

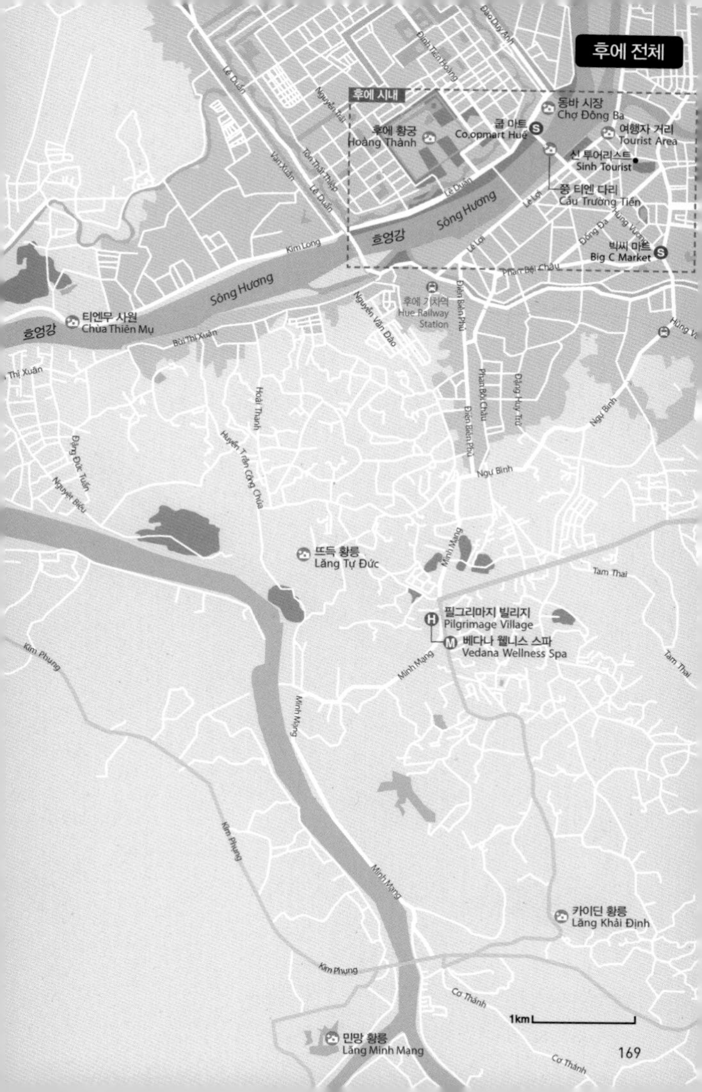
후에 전체
후에 시내
후에 황궁
Hoàng Thành
동바 시장
Chợ Đông Ba
쿱 마트
Co.opmart Huế
여행자 거리
Tourist Area
신 투어리스트
Sinh Tourist
쯩 티엔 다리
Cầu Trường Tiền
빅씨 마트
Big C Market
흐엉강
Sông Hương
티엔무 사원
Chùa Thiên Mụ
후에 기차역
Hue Railway
Station
뜨득 황릉
Lăng Tự Đức
필그리마지 빌리지
Pilgrimage Village
베다나 웰니스 스파
Vedana Wellness Spa
카이딘 황릉
Lăng Khải Định
민망 황릉
Lăng Minh Mạng
Lê Duẩn
Đinh Tiên Hoàng
Đào Duy Anh
Nguyễn Trãi
Tôn Thất Thiệp
Văn Xuân
Kim Long
Lê Lợi
Đống Đa
Hùng Vương
Phan Bội Châu
Nguyễn Văn Đào
Điện Biên Phủ
Bùi Thị Xuân
Hoài Thanh
Huyền Trân Công Chúa
Đặng Đức Tuấn
Nguyễn Biểu
Đặng Huy Trứ
Ngự Bình
Minh Mạng
Tam Thai
Kim Phụng
Cơ Thánh
1km

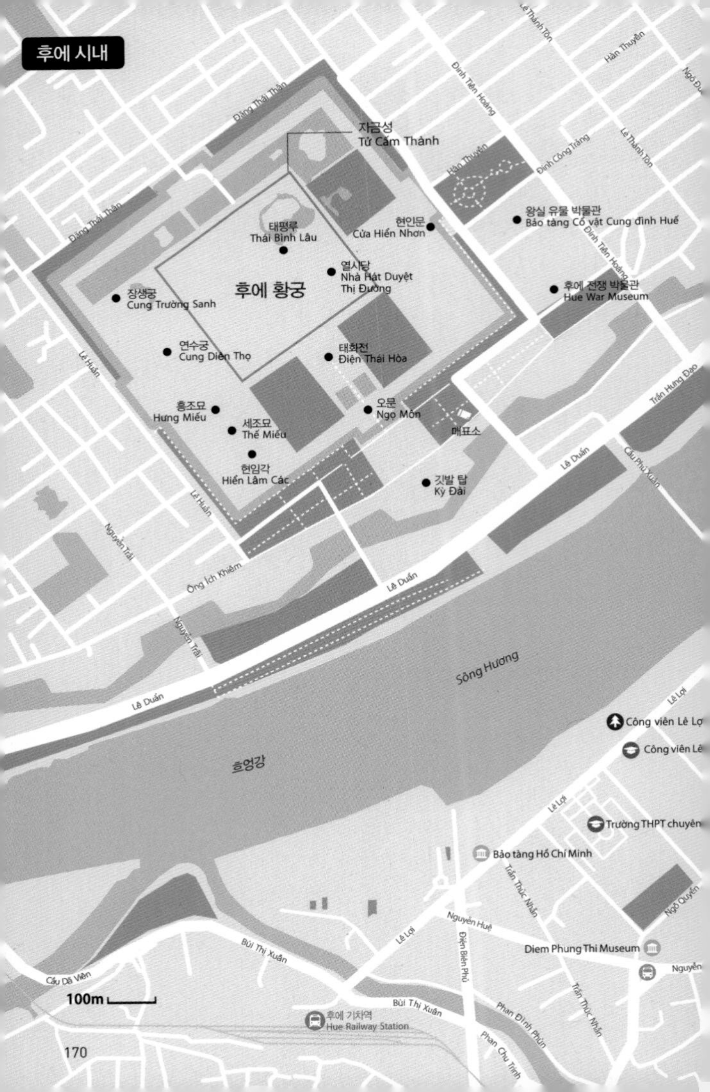
후에 시내
자금성
Tử Cấm Thành
태평루
Thái Bình Lâu
현인문
Cửa Hiển Nhơn
왕실 유물 박물관
Bảo tàng Cổ vật Cung đình Huế
열시당
Nhà Hát Duyệt
Thị Đường
후에 황궁
장생궁
Cung Trường Sanh
후에 전쟁 박물관
Hue War Museum
연수궁
Cung Diên Thọ
태화전
Điện Thái Hòa
홍조묘
Hưng Miếu
세조묘
Thế Miếu
오문
Ngọ Môn
매표소
현임각
Hiển Lâm Các
깃발 탑
Kỳ Đài
Sông Hương
흐엉강
Bảo tàng Hồ Chí Minh
Diem Phung Thi Museum
후에 기차역
Hue Railway Station
100m
Đặng Thái Thân
Đinh Tiên Hoàng
Hàn Thuyên
Đinh Công Tráng
Lê Thánh Tôn
Lê Huân
Nguyễn Trãi
Ông Ích Khiêm
Lê Duẩn
Trần Hưng Đạo
Cầu Phú Xuân
Lê Lợi
Trần Thúc Nhẫn
Nguyễn Huệ
Điện Biên Phủ
Ngô Quyền
Bùi Thị Xuân
Cầu Dã Viên
Phan Đình Phùng
Phan Chu Trinh

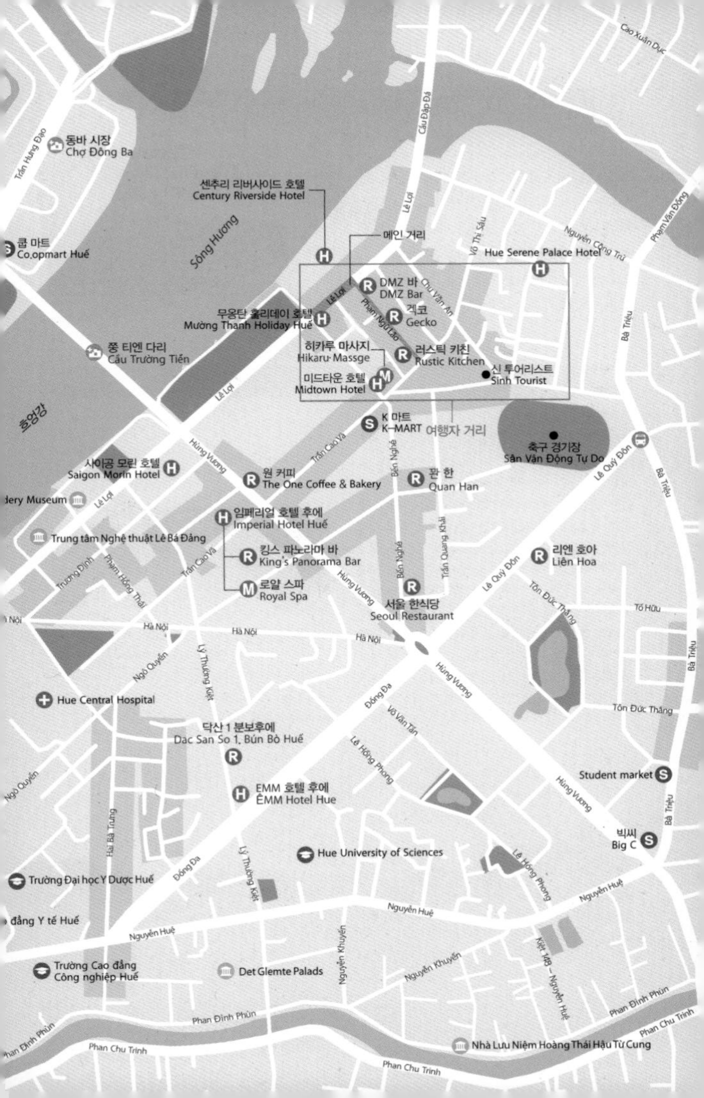

Cao Xuân Dục
Cầu Đập Đá
Trần Hưng Đạo
동바 시장
Chợ Đông Ba
센추리 리버사이드 호텔
Century Riverside Hotel
Lê Lợi
Võ Thị Sáu
Nguyễn Công Trứ
Phạm Văn Đồng
쿱 마트
Co.opmart Huế
Sông Hương
메인 거리
Hue Serene Palace Hotel
DMZ 바
DMZ Bar
Chu Văn An
겍코
Gecko
무옹탄 홀리데이 호텔
Mường Thanh Holiday Huế
Phạm Ngũ Lão
Bà Triệu
쫑 티엔 다리
Cầu Trường Tiền
히카루 마사지
Hikaru Massge
러스틱 키친
Rustic Kitchen
신 투어리스트
Sinh Tourist
미드타운 호텔
Midtown Hotel
흐엉강
K 마트
K-MART
여행자 거리
축구 경기장
Sân Vận Động Tự Do
Hùng Vương
Trần Cao Vân
Bến Nghé
사이공 모린 호텔
Saigon Morin Hotel
원 커피
The One Coffee & Bakery
꽌 한
Quan Han
Lê Quý Đôn
dery Museum
임페리얼 호텔 후에
Imperial Hotel Huế
Trung tâm Nghệ thuật Lê Bá Đảng
Trần Quang Khải
킹스 파노라마 바
King's Panorama Bar
리엔 호아
Liên Hoa
Trương Định
Phạm Hồng Thái
로얄 스파
Royal Spa
서울 한식당
Seoul Restaurant
Tôn Đức Thắng
Tố Hữu
Hà Nội
Ngô Quyền
Lý Thường Kiệt
Đống Đa
Võ Văn Tần
Hue Central Hospital
Lê Hồng Phong
닥산 1 분보후에
Dac San So 1, Bún Bò Huế
Student market
EMM 호텔 후에
EMM Hotel Hue
빅씨
Big C
Hai Bà Trưng
Hue University of Sciences
Trường Đại học Y Dược Huế
Nguyễn Huệ
đẳng Y tế Huế
Nguyễn Khuyến
Kiệt 148 – Nguyễn Huệ
Trường Cao đẳng
Công nghiệp Huế
Det Glemte Palads
Phan Đình Phùng
Phan Chu Trinh
Nhà Lưu Niệm Hoàng Thái Hậu Từ Cung

관광 Sightseeing

후에는 유네스코에 '후에 기념물 복합지구 Complex of Hué Monuments'로 지정될 만큼 도시 전체가 하나의 역사적 유적지이자 박물관이다. 후에성과 황릉, 사원 등을 다 돌아보려면 최소 하루가 소요되므로 아침 일찍 일정을 시작하거나 하루 정도 머물면서 천천히 돌아보는 것을 추천한다.

MAPECODE 39201

후에 성채 Hue Citadel Kinh Thành Huế [낀탄 후에]

응우옌 왕조의 도읍지

후에는 1802~1945년까지 응우옌 왕조의 도읍지로, 황궁을 포함한 도시가 요새처럼 성채(城砦)로 이루어져 있어 '시타델Citadel'이라고 부른다. 시타델은 1802년 응우옌의 1대 지아롱Gia Long 황제 때 건축을 시작하여, 1832년 민망Minh Mạng 황제 때 완공되었다. 각 변이 2.5km인 정사각형 모양으로 10km에 달하는 성채의 둘레는 흐엉강에서 끌어온 물로 해자(垓子: 적의 침입을 막기 위해 성 밖을 파서 못으로 만든 것)를 만들어 성채를 둘러싸고 있다. 성벽의 높이만 6m로 성곽의 꼭대기에는 수도를 방어하기 위한 24개의 전망대가 있고, 성채 안으로 들어가는 문은 총 10개이다. 성채인 낀탄Kinh Thanh, 황궁과 사당을 보호하는 호앙탄Hoang Thanh, 황실 주거지 뚜깜탄Tu Cam Thanh, 도심지

다이노이Dai Noi 그리고 추가 방어 시설인 쩐하이탄Tran Hai Thanh으로 나뉜다. 후에의 성채는 황릉과 함께 '후에 기념물 복합지구Complex of Hué Monuments'로 1993년 유네스코 세계 문화유산으로 등재되었다.

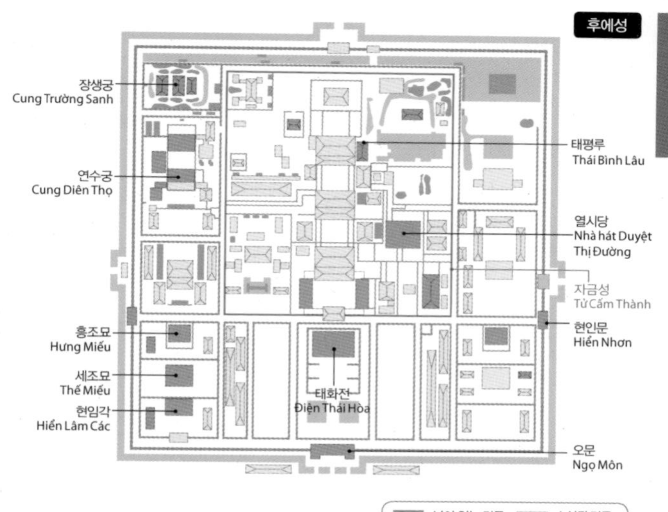

MAPECODE 39202

후에 황궁 Imperial City Hoàng Thành [호앙 탄]

응우옌 왕조의 황궁

'임페리얼 시티Imperial City' 또는 '로열 시타델Royal Citadel'이라고 불리는 후에 황궁은 후에 성채의 중심에 위치한다. 정사각형 모양의 후에 황궁은 각 변이 600m에 높이 4m의 담으로 둘러싸여 있는데, 성채와 마찬가지로 황궁도 해자로 둘러싸고 있다. 황궁은 동서남북으로 4개의 문이 있고, 남쪽 문이 정문으로 오문(午門)이라고 한다.

황궁을 제대로 둘러보려면 2시간 정도 소요된다. 날씨가 덥고 에어컨이 나오는 실내 공간이 없어서 들어가기 전에 물과 모자를 준비하는 것이 좋다. 더운 날씨와 걷는 것이 부담스러운 사람은 입구에 버기가 있으니 버기를 타고 돌아보면 좋다. 황궁은 자세한 설명과 함께 돌아봤을 때 알 수 있는 것이 많아 감동이 달라지는데, 가이드 투어에 조인하거나 사전에 개인 가이드를 섭외해서 돌아보는 것을 추천한다. 날씨가 많이 더운 6~9월에는 야간에도 개장한다.

주소 Huế, Thua Thien Hue, Vietnam 전화 0234 3501 143 시간 08:00~17:30(목요일은 22:00까지) 입장료 성인 15만 동, 아동 3만 동(만 7세~12세 미만), 7세 미만 무료 홈페이지 www.imperialcityhue.com 위치 후에 시내에서 차로 약 5분 소요, 흐엉강 주변

Tip 싱글 티켓 vs 콤비 티켓

후에를 당일로 다녀온다면 후에성과 황릉 2곳 정도가 적당하고, 후에에서 하루를 머문다면 후에성과 황릉 3곳을 이틀에 걸쳐 여유 있게 돌아보는 것이 좋다. 후에성과 황릉이 묶인 콤비 티켓을 구입하면, 싱글 티켓을 구입하는 것보다 저렴하고 편하게 관광할 수 있다.

구분	관광지	성인	아동(만 7~12세 미만)	7세 미만
싱글 티켓	후에성	15만 동	3만 동	무료
	카이딘 황릉, 민망 황릉, 뜨득 황릉	각 10만 동	각 2만 동	
콤비 티켓	후에성 + 카이딘 황릉 + 민망 황릉 (발행일로부터 2일 내 사용)	28만 동	5만 5천 동	
	후에성 + 카이딘 황릉 + 민망 황릉 + 뜨득 황릉 (발행일로부터 2일 내 사용)	36만 동	7만 동	

깃발 탑 Kỳ Đài [끼 다이]

후에성 안으로 들어가기 전, 넓은 평지에 우뚝 서 있는 깃발 탑이 먼저 눈에 들어온다. 높이 17.4m인 깃발 탑에는 베트남 국기가 걸려 있다. 깃발 탑은 1807년 응우옌 왕조의 지아롱 황제에 의해 건축되었다. 깃대 아래는 3단으로 이루어져 있는데 맨 아래부터 자연 Nature, 사람Human, 신God을 의미한다. 1970년대 베트남 전쟁 중에는 남베트남과 북베트남 국기가 번갈아 올려지는 등 전쟁의 격전지이기도 했다.

위치 후에성 매표소 앞

오문 Ngọ Môn [응오몬]

황궁으로 들어가는 4개의 문 중 정문에 해당하며, 남쪽에 위치하고 있어 '오문(午門)'이라고 한다. 정면에 3개의 문과 측면의 2개, 총 5개의 문이 있는데, 중앙의 문은 황제가 들어가고 왼쪽과 오른쪽 문은 각각 문관, 무관의 신하가 들어갔다고 한다. 측면의 문은 말과 군사들이 황궁으로 들어가는 입구였다. 오문을 통과하면 본격적으로 성에 입성하게 된다. 오문은 성으로 들어가는 매표소 앞에 있다.

위치 후에성 입구, 매표소 앞

태화전 Điện Thái Hòa [디엔 따이 호아]

오문을 지나서 황궁 안으로 들어가면 오문과 마주 보고 있는 건물이 바로 태화전이다. 1805년 지아롱 황제 때 착공하여 1833년 민망 황제가 지금의 태화전을 완성하였다. 태화전은 황제가 사신을 접견하거나 대관식 또는 황제의 생일 등의 행사가 열리던 곳이다. 지붕에 있는 기와에는 용이 승천하는 모양이 있고, 내부는 80개의 기둥이 지붕을 받치고 있다. 내부와 외부는 화려한 색의 도자기 타일로 장식되어 있는데 민망 황제의 취향을 엿볼 수 있다.

위치 후에성 오문 들어와서 맞은편

자금성 Tử Cấm Thành [뜨 깜 탄]

태화전을 빠져나오면 다시 담으로 둘러싸인 곳이 나온다. 이곳은 바로 황실 가족이 거주하던 자금성이다. 중국의 자금성을 본떠 지었으며, 외부인의 출입이 철저히 금지되어 있어 '금지된 성Forbidden City'이라고도 불린다. 1802년 지아롱 황제에 의해 일찍이 건축된 이 성은 둘레 1,230m에 3.72m 높이의 벽으로 둘러싸여 있다. 황제가 거주하던 내실과 황후의 별채, 황제 집무실, 황실 가족의 전용 극장, 황제 전용 조리실 등의 약 50개가 넘는 다양한 건물이 있었다. 그러나 베트남 전쟁 때 대부분이 파손되어 현재는 일부분만 남아 있고 복구가 한창 진행 중이다.

열시당 Nhà Hát Duyệt Thị Đường [나핫 두옛 띠 두옹]

황실의 공연장으로 화려한 내부가 인상적이다. 이곳에는 당시 사용했던 악기와 의례복이 전시되어 있다.

위치 후에성 내 자금성 구역 오른쪽

태평루 Thái Bình Lâu [타이 빈 러우]

황제가 책을 읽고, 휴식을 취하던 공간이다. 다양한 색의 도자기 타일로 장식되어 화려하며, 현재 자금성 안에서 복원이 가장 많이 된 곳이다.

위치 후에성 내 자금성 구역 열시당 위쪽

묘 Miếu [미에우]

황궁의 왼쪽에 있으며, 응우옌 왕조의 위패가 모셔져 있는 황실 사당이다. 위쪽부터 흥조묘Hưng Miếu, 세조묘Thế Miếu, 현임각Hiển Lâm Các이 있다. 흥조 사당Hùng Temple은 1821년 민망 황제가 조상을 모시기 위해 지은 사원이다. 고풍스러운 디자인과 천장의 조각으로 베트남에서도 유명한 사원이다. 1947년 전쟁 때 소실되었다가 복구되었다. 후에성 안의 사당 외에도 후에 성채 외곽에 7개의 황릉이 있다.

위치 후에성 오문 들어와서 왼쪽 구역

응우옌 왕조의 황제

중국의 영향력이 강했던 시기에 '황제'라는 호칭은 중국만 사용할 수 있었고, 주변국들은 '왕'이라는 칭호만 쓸 수 있었다. 그러나 베트남은 이미 다른 주변국과는 달리 칭제 건원(왕을 황제라 칭함)과 독자적인 연호를 사용하였다. 베트남에서는 왕을 '부아Vua', 황제를 '호앙Hoang'이라고 나눠 부르는데, 응우옌 시대에는 '호앙 민망Hoang Minh Mang'이라고 하여 스스로 황제라 칭하였다. 이는 약 300여 년간의 중국의 지배에서 벗어나 전국을 통일했던 응우옌 왕조의 독립 의지를 표방하는 것이다.

MAPECODE 39203

티엔무 사원 Chùa Thiên Mụ [쭈아 티엔 무]

새로운 왕조 건국을 예언한 사원

흐엉강이 내려다보이는 언덕에 위치한 티엔무 사원은 1601년에 세워졌으며, 1665년 '응우옌 푹탄Nguyễn Phúc Tần' 황제 때 보수되었다. '티엔무Thiên Mụ'라는 뜻은 '하늘에서 내려온 여인'을 말한다.
건국 전설에 따르면 어느 날 하늘에서 내려온 여인이 '곧 지배자가 나타나 불교식 탑을 쌓아 나라를 구할 것'이라고 예언하였고, 이 이야기를 들은 응우옌 호앙Nguyễn Hoàng(태조 지아롱 황제의 조상)이 이곳에 사원을 세우게 되었다고 한다. 멀리서도 보일 정도로 우뚝 솟은 탑은 푸옥듀엔 탑Phước Duyên이다. 21m 높이에 8각형의 7층 탑으로 흐엉강을 마주 보고 있다. 탑 옆으로 두 개의 정자가 있는데, 그 중 하나의 정자에는 커다란 종이 있다. 그 당시 이 종을 치면 그 소리가 10km까지 들렸다고 한다.
티엔무 사원은 특히나 현지인들의 방문이 많은데, 그 이유는 이 사원의 띡꽝득Thích Quảng Đức 스님과 얽힌 사연 때문이다. 1963년에 남베트남의 불교 탄압 정책이 극에 달했는데, 이때 띡꽝득 스님이 종교 탄압에 저항하기 위해 호찌민에서 몸을 태워 소신 공양하였다고 한다. 그런데 신기한 것은 당시 스님의 몸은 다 탔으나 심장만은 남아서 뛰고 있었다고 한다. 현재 사원에는 띡꽝득 스님이 호찌민까지 타고 간 파란색의 오스틴 자동차가 보관되어 있다.

주소 Kim Long, Hương Long, Tp. Huế, Thừa Thiên Huế 전화 097 275 1556 시간 08:00~17:00 요금 무료 위치 후에 시내에서 서쪽 약 4km 떨어진 흐엉강 앞, 차로 약 10분 소요

MAPECODE 39204

민망 황릉(明命帝) Lăng Minh Mạng [랑 민망]

후에에서 가장 아름다운 황릉

민망 황릉은 후에 시내로부터 약 13km 떨어진 깜께Cẩm Khê 지역에 있는데, 후에에 있는 황릉 중 시내에서 가장 멀리 떨어져 있다. 황릉에 모셔진 황제는 응우옌 왕조의 1대 황제 지아롱 황제의 네 번째 아들인 민망 황제이다. 응우옌 왕조의 두 번째 황제로, 그의 황릉은 현존하는 황릉 중에서 규모가 가장 크고 아름답다. 황릉은 1840년 9월에 건축을 시작하였으나, 황릉이 완성되기도 전인 1841년 1월 민망 황제가 병으로 승하하였다. 그 후 민망 황제의 시신은 황릉 근처인 브탄(寶城)Buu Thanh에 안치하고, 그의 아들 띠에우 찌 Thiệu Trị 황제가 아버지의 뜻을 이어받아 1843년에 황릉을 완성하였다.

민망 황릉은 철저한 측량과 엄격한 규칙으로 만든 황릉으로 유명하다. 면적이 28ha에 달하는 거대한 황릉은 1,700m의 벽으로 둘러싸여 있으며, 약 40여 개의 건축물이 700m의 축을 중심으로 좌우 대칭으로 늘어서 있다. 황릉으로 들어가는 첫 번째 문인 '다이홍몬DaiHongMon'에는 3개의 문이 있는데, 가운데 문은 왕의 관이 들어간 길로, 방문객들은 양옆의 2개의 문을 이용하였다. 다이홍몬 뒤에는 넓은 뜰이 나오는데, 양옆으로 중국의 문·무관의 신하와 말, 코끼리의 동상이 서 있다. 그리고 전각 안에 비문이 있는데, 비문에는 민망 황제의 업적이 새겨져 있다. 민망 황릉에서 가장 중요한 곳은 바로 2층의 목조 건물인 빛의 전각이라는 뜻의 '민러우(明樓)'이다. 특히 이곳 민러우에서 바라보는 민망 황릉과 초승달 모양의 호수가 아름답다. 황제의 묘는 285m와 3m 높이의 담으로 둘러싸인 안쪽에 모셔져 있는데, 묘소 안으로 들어가는 문은 일 년에 한 번 기일에만 열린다. 민망 황릉은 1979년 4월 29일에 베트남의 국가 유산으로 지정되었다.

주소 QL49, Hương Thọ, Tx. Hương Trà, Thừa Thiên Huế 시간 07:00~17:00 요금 성인 10만 동, 아동(만 7~12세 미만) 2만 동, 7세 미만 무료 위치 후에 시내에서 남서쪽으로 약 13km 떨어진 흐엉강 하류, 차로 약 30분 소요

베트남의 세종대왕, 민망 황제

실명 응우옌 푹키우 Nguyễn Phúc Kiều
출생-사망 1791.5.25 ~ 1841.1.20
재위기간 1820~1840년

베트남의 두 번째 황제인 민망 황제는 약 20년의 재위 기간 동안 중요한 일을 많이 했다. 먼저 군제를 개편해 31개의 성으로 나눠져 있던 베트남을 통일했다. 또한 관제 개편, 도량형 통일, 백성들의 교통제 개편, 가난한 사람들과 노약자 그리고 장애인을 위한 집 마련 등 국내외로 전반적인 사안을 개편하고 국가의 틀을 마련하였다. 특히 중국의 유교를 장려하고 인재의 발굴에 중점을 두었는데, 그는 국립 대학교에 해당하는 꾸옥뜨지암Quốc Tử Giám을 설립하여 세계적인 도시가 될 준비와 국가 고시에 대한 준비를 명령하였다. 또한 농업 경제가 사회 전반에 미치는 중요성을 간파하고, 농업 경쟁력을 높일 수 있는 인재를 위한 교육·발굴·관제 개편에 힘썼다. 이후 민망 황제는 1838년에 '다이남(大南)Dai Nam'이라고 국호를 변경하였다. 민망 황제의 재위 기간은 베트남 역사상 넓은 영토를 소유하고 가장 강력한 힘을 가진 시기였다.

MAPECODE 39205

뜨득 황릉 Lăng Tự Đức [랑 뜨득]

호수가 아름다운 뜨득 황릉

뜨득 황제는 응우옌 왕조의 네 번째 황제로, 13명의 황제 중 가장 오랫동안 통치한 황제이다. 다른 12명의 황제 재위 기간의 거의 반 정도를 차지하는 36년간 황제의 자리에 있었다. 뜨득 황릉은 1864~1867년까지 3년에 걸쳐 지어졌으며, 12ha의 부지에 약 50여 개의 건축물이 있다. 황릉을 하늘에서 내려다보면 '거북이 모양'으로 되어 있는데, 이는 장수를 기원한 뜨득 황제의 의도였다. 황릉 입구에 들어서면서 가장 먼저 눈에 들어오는 것은 강이 흐르는 거대한 호수이다. 호수 위에는 두 개의 정자가 있는데, 뜨득 황제가 살아생전에 꽃을 키우고 책을 읽었던 휴식 공간이었다. 그리고 흐르는 강에는 작은 섬이 있는데, 이 섬에서 뜨득 황제는 사냥을 즐겼다고 전해진다. 실제로 이곳은 뜨득 황제가 여름 궁전이라고 부르며 여름을 보냈다고 한다. 호수 옆 돌계단을 올라가면 왕궁이 나오는데 이곳도 뜨득 황제가 실제로 집무실로 사용했던 공간이다. 왕궁 이외에도 신하들이 머물렀던 집들도 있다. 뜨득 황릉은 다른 황릉과 달리 무덤이 있는 곳과 실제 황제가 살았던 공간으로 나누어진다.

뜨득 황릉에서 가장 인상적인 것은 황제의 일대기를 새겨 놓은 30t이 넘는 비석이다. 대리석으로 만들어진 비석은 하노이에서 약 4년의 이동 시간을 거쳐 가져온 것이라고 한다. 그런데 참으로 안타까운 것은 그 이후에 가까운 다낭의 오행산에서 대리석 산이 발견됐다고 한다. 이 비석에는 황제가 직접 자신의 기

록을 적었는데, 104명이 넘는 아내가 있었지만 후사가 없어 기록할 사람이 없다고 생각하였기 때문이다. 또한 오랜 시간과 공을 들여 만든 황릉이나, 실제 뜨득 황제의 시신은 이곳이 아닌 다른 곳에 묻혀 있다고 전해진다. 황릉 공사에 참여했던 수백 명의 사람들은 비밀 유지를 위해 모두 죽임을 당했다.

주소 17/69 Lê Ngô Cát, Thủy Xuân, Tp. Huế, Thừa Thiên Huế 시간 07:00~17:00 요금 성인 10만 동, 아동(만 7세~12세 미만) 2만 동, 7세 미만 무료 위치 후에 시내에서 남서쪽으로 약 7km. 차로 약 15분 소요

카이딘 황릉(啓定帝陵) Lăng Khải Định [랑 카이딘]

다양한 건축 양식이 담긴 화려한 황릉

카이딘 황제는 프랑스에서 삶을 마감한 응우옌 13대 황제인 바오다이를 제외하면 실질적인 응우옌 왕조의 마지막 황제이다. 카이딘 황릉은 후에 시내에서 약 10km 떨어진 쩌우 쭈Chau Chu 산비탈에 있다. 다른 황릉과 비교하면 카이딘 황릉은 규모 면에서 작지만, 매우 정교하다. 황릉에 도착하면 가장 먼저 눈에 들어오는 것이 바로 짙은 검은색의 계단과 건물들이다. 카이딘 황제는 살아생전부터 건축에 관심이 많아 직접 본인의 무덤 건축에 참여하기도 했다. 유럽식 문양이 들어간 철문과 용 모양의 계단 등 유럽과 아시아, 고대와 현대까지 많은 건축의 트렌드를 담았다. 황릉의 건축은 1920년 9월 4일부터 시작해서 11년간 지속되었다.

계단을 올라가면, 넓은 뜰이 나오고 양쪽에는 문무 대관이 서로 마주 보고 서 있다. 이 동상들은 다른 황릉에서 보이는 것과 비슷하나 왕의 근위대 6개가 더 있다. 가장 높은 곳에 있는 건물의 내부로 들어가면, 황제의 시신이 안치된 내실이 있고 화려한 도자기 타일로 장식된 방이 있다. 황릉 중에서 가장 현대적이며 화려한 장식이 돋보이는 황릉이다. 응우옌 왕조의 황릉을 이야기할 때 가장 많이 언급되는 황릉이기도 하다.

주소 Khải Định, Thủy Bằng, Tp. Huế, Thừa Thiên Huế
시간 07:00~17:00 요금 성인 10만 동, 아동(만 7세~12세 미만) 2만 동, 7세 미만 무료 위치 후에 시내에서 남서쪽으로 약 9km, 차로 약 20분 소요

MAPECODE 39207

동바 시장 Chợ Đông Ba [쪄 동바]

응우옌 왕조 때부터 맥을 이어온 시장

동바 시장은 17세기 응우옌 왕조 때부터 있던 시장으로, 본래 후에성 근처에 있었다. 그러나 시장이 1887년 전쟁으로 불타 버린 후, 1899년 지금의 장소로 옮겨 왔고, 오늘날에는 현대적인 시설의 동바 시장으로 문을 열고 있다. 동바 시장은 120년이 넘은 전통 있는 시장으로 베트남 중부 투어티엔Thừa Thiên성에서 가장 큰 시장이다. 주변 투어티엔성에서 나는 대부분의 물건은 동바 시장으로 모인다고 할 정도로, 베트남 중부의 모든 물품들이 동바 시장을 거쳐 거래된다. 약 2,700여 개의 점포가 있으며, 매일 5천~7천여 명의 사람들이 모인다. 시장 안쪽으로 들어가면 길을 헤멜 정도로 좁고 복잡한 복도가 이어진다. 건어물, 수산, 축산, 농산물로 나눠져 있으며 입구에는 금은방과 공산품을 파는 상점까지 없는 것이 없다. 무더운 낮보다 거래가 활발한 아침에 다녀오는 것이 좋다. 비위가 약한 사람은 강한 향으로 돌아보는 데 다소 어려움이 있을 수 있다.

주소 Trần Hưng Đạo, Phú Hòa, Tp. Huế, Thừa Thiên Huế 전화 0234 3524 663 시간 06:00~22:00 위치 후에성에서 동쪽으로 약 1.5km 떨어진 흐엉 강변, 도보로 약 15분 거리

MAPECODE 39208

흐엉강(淆江) Sông Hương [쏭 흐엉]

꽃향기를 담고 흐르는 후에의 강

'향강Perfume River'이라고도 불리는 흐엉강은 후에를 가로지르는 강이다. 후에가 응우옌 왕조의 도읍지로 선택된 이유 중 하나도 바로 이 흐엉강 때문이다. 흐엉강은 자연적으로 방패가 될 뿐만 아니라, 흐엉강의 물을 끌어들여 물길을 만들어 후에 성채를 보호했기 때문이다. 흐엉강은 후에 시내로 들어오기 전 약 30km를 돌아서 흐르는데, 연중 강 주변에 다양한 꽃나무들이 있어서 그 향이 강에 담겨 흐른다고 해서 흐엉강(淆江, 향강)이라고 불린다.

위치 후에 중심

MAPECODE 39209

쭝티엔 다리 Cầu Trường Tiền [까오 쭝 티엔]

지어진 지 100년이 넘은 후에의 중요 통로

흐엉강과 후에성을 연결하는 3개의 다리 중에서 가장 돋보이는 쭝티엔Truong Tien 다리는 인도차이나 반도에서 가장 먼저 서양식 건축 기술로 만든 다리이다. 프랑스 파리 에펠탑, 미국 뉴욕 자유의 여신상 등을 건축한 구스타프 에펠사Gustave Eiffel에 의해서 1899년에 지어졌다. 폭이 6m, 길이 403m로, 고딕 양식으로 만들어졌다. 100년이 넘었지만 아직도 후에 사람들의 중요 통로로 이용되고 있다. 후에성의 고풍스러운 베트남 분위기와 오묘하게 어울리는 흐엉강의 명소이다. 2002년 다리에 조명을 설치하여 밤에는 더욱 아름답게 빛난다.

주소 Phú Nhuận, Hue, Thừa Thiên Huế 위치 동바 시장 방향 레로이(Lê Lợi) 길

MAPECODE 39210

여행자 거리 Tourist Area

현대적인 건물들이 모여 있는 후에의 핫 플레이스

고풍스러운 후에에서 현대적인 바와 레스토랑들이 모여 있는 핫 플레이스가 있다. 바로 여행자의 거리라고 불리는 레로이Lê Lợi, 팜응라우Phạm Ngũ Lão, 버찌사우Võ Thị Sáu 거리를 연결하는 지역이다. 보통 무옹탄 호텔이 있는 레로이 거리부터 시작해서 DMZ 바가 있는 팜응라우 로드가 메인이다. 오후 4시부터 카페와 레스토랑이 문을 열고, 여행객들을 기다린다. 대부분의 상점은 정면이 오픈된 오픈 에어 스타일로, 작은 테라스들도 있어 유럽의 노천 카페와 비슷한 분위기를 만든다. 주변에 게스트하우스와 신 투어리스트 등의 여행사가 있어 사람들이 모이기 시작하였고, 주말 저녁에는 모임이나 약속으로 오는 현지 젊은이들이 많다. 최근 응우옌타이혹 Nguyễn Thái Học 로드까지 레스토랑과 펍들이 들어서고 있다.

후에 체험거리

후에 반일 투어

후에의 명소를 편안하게 둘러볼 수 있는 투어

후에성과 황릉을 차량과 가이드의 안내로 다녀올 수 있는 투어이다. 후에 반일 투어는 오전에 3대 황릉(민망, 카이딘, 뜨득)을 보는 투어이고, 오후에는 후에성과 티엔무 사원을 간다. 오전과 오후를 묶으면 하루에 유네스코에서 지정한 '후에 기념물 복합지구'를 다 돌아볼 수 있다. 점심과 픽업이 포함되어 있으며, 인원이 적은 여행객이 이용하기 편리하다.

투어	프로그램	기타
반일 후에 시티 투어 (오전 출발)	07:30 호텔 픽업 08:00 투어 시작 • 민망 황릉 • 카이딘 황릉 • 베트남 전통 공연(보킨반안 Vo Kinh Van An) • 뜨득 황릉 • 베트남 전통 모자 논과 향 만들기 체험 및 마을 방문 12:00 점심 식사 14:00 호텔로 귀환	포함 사항 : 에어컨 차량, 가이드, 점심 불포함 사항 : 입장료 주의 사항 : 황릉과 사원에 들어갈 때는 어깨를 덮는 윗옷과 무릎 아래로 내려가는 바지를 입어야 한다. 요금 : 21만 동
반일 후에 시티 투어 (오후 출발)	12:45 호텔 픽업 13:00 점심 식사 13:45 투어 시작 • 후에성 • 티엔무 사원 • 흐엉강에서 드래곤 보트를 타고 후에로 이동 16:30 또아깜 피어 Toa Kham Pier 도착 (Lê Lợi St. and Đội Cung St. / 무엉탄 호텔 맞은편)	
흐엉강 디너 크루즈	18:00 호텔 픽업 18:15 시클로 탑승 후 후에 시티 투어 (호텔 – 레로이 로드 – 쭝티엔 다리 – 쩐흐엉다오 로드 – 레두안 로드 – 부두) 18:40 부두 도착 및 전통 의상 착의, 보트 탑승 18:40~20:20 디너 & 크루즈 20:20~20:30 흐엉강에 연꽃등 띄워 보내기	포함 사항 : 시클로 또는 택시 픽업, 로열 드레스, 디너, 기념사진, 8코스 디너 주의 사항 : 4명 이상부터 가능 요금 : 59만 9천 동

산 투어리스트 The Sinh Tourist

주소 37 Nguyễn Thái Học, Phú Hội, Tp. Huế, Thừa Thiên Huế 전화 0234 384 5022 시간 06:30~20:30 홈페이지 www.thesinhtourist.vn 이메일 hue@thesinhtourist.vn 위치 후에 시내, 축구 경기장 맞은편

Eating
후에의 음식점

후에는 예로부터 사원이 많아 채식이 많고, 더운 날씨로 인해 매운 음식이 발달하였다. 후에에서만 먹어 볼 수 있는 분보후에, 반코아이, 반록은 후에를 대표하는 음식이니 꼭 먹어 보자. 또한 여행자 거리에 있는 다양한 음식점을 방문해 보는 것도 좋다.

꽌 한 Quán Hạnh

MAPECODE 39211

후에를 대표하는 음식을 맛볼 수 있는 맛집

후에를 대표하는 넴루이와 반베오 맛집이다. 넴루이는 후에의 대표 음식으로 레몬그라스 줄기에 갈은 돼지고기를 끼워 숯불에 구운 것을 말한다. 숯불로 구운 돼지고기에 상추 등의 야채를 넣고 라이스 페이퍼에 싸 먹는 음식이다. 특히 꽌한은 후에에서 꼭 먹어 봐야 하는 반베오, 반코아이, 넴루이를 한 번에 먹을 수 있는 세트 메뉴가 있어 고민 없이 먹어볼 수 있는 장점이 있다.

주소 11 Phó Đức Chính, Phú Hội, Tp. Huế, Phú Hội 전화 0234 3833552 시간 10:00~21:00 메뉴 세트 메뉴 1인 12만 동, 비어 사이공 1만 5천 동, 주스 2만 5천 동 위치 후에 시내, 여행자의 거리에서 남쪽으로 도보 약 5분 소요

리엔 호아 Liên Hoa

MAPECODE 39212

베트남 사찰 음식을 맛볼 수 있는 레스토랑

사찰이 많은 후에답게 주로 채식 메뉴를 하는 레스토랑이다. 버섯과 야채, 두부 등의 재료를 사용한 채식 요리로 맛이 깔끔하고, 소화가 잘 되어 먹기가 편하다. 베트남 전통 가옥 스타일로, 테이블에서부터 인테리어까지 베트남 분위기가 물씬 난다. 레스토랑 앞에 작은 정원도 있어 베트남 가정집에서 식사하는 느낌이다. 한 접시에 반찬과 밥이 같이 나오는 껌디아Com Dia와 베트남 전통 가정식인 껌판Com Phan, 버섯볶음 요리인 남싸오가 인기 메뉴다. 레스토랑 옆에 같은 이름의 사원도 있다.

주소 3 Lê Quý Đôn, Phú Hội, Tp. Huế, Thừa Thiên Huế 전화 0234 381 6884 시간 06:30~21:00 메뉴 껌디아(Com Dia) 1만 8천 동, 깐라우(Canh Rau) 1만 9천 동, 남싸오사(Nam Xao Sa) 5만 동, 음료 1만 4천 동 위치 후에 시내, 여행자 거리에서 남쪽으로 벙빈흐엉 (Bùng Binh Hùng) 로터리에서 축구 경기장 방향 중간

닥산 1 분보후에 Dac San So 1. Bún Bò Huế

MAPECODE 39213

현지인에게 인기가 더 많은 분보후에 맛집

현지인에게 인기 있는 맛집이며, 주메뉴는 분보후에이다. 분보후에는 매콤한 양념장이 들어가는 후에식 쌀국수로, 후에에서 꼭 먹어 봐야 하는 음식이다. 아침부터 밤까지 항상 빈자리가 없을 정도로 인기이다. 후에 시내에서 가까워서 찾아가기도 편리하다.

주소 19 Lý Thường Kiệt, Vĩnh Ninh, Thành phố Huế, Thừa Thiên - Huế 전화 0126 261 5097 시간 05:00~23:00 메뉴 분보후에 3만 5천 동 위치 후에 시내, EMM 호텔 근처

겍코 Gecko

MAPECODE 39214

여행자 거리에 위치한 분위기 좋은 음식점

겍코는 동남아시아에서 흔하게 볼 수 있는 작은 도마뱀의 이름인데, 이 귀여운 캐릭터와 잘 어울리는 오픈 에어 스타일의 레스토랑이다. 입구에 펍 & 카페 & 레스토랑이라고 써 있는데, 식사하고 차나 맥주를 마시면서 느긋하게 쉬는 사람들이 많다. 내부로 들어가면 2층까지 뚫려 있는 천장 덕분에 답답하지 않으며, 곳곳에 나무가 있어 숲속에 들어온 느낌이 든다. 맥주와 함께 먹기 좋은 고이꾸온, 반코아이 등의 핑거 푸드와 껌가 등의 간단한 식사류가 인기 메뉴다.

주소 9 Phạm Ngũ Lão, Phú Hội, Tp. Huế, Thừa Thiên Huế 전화 0234 3933 407 시간 08:00~24:00 메뉴 반코아이 4만 5천 동, 분팃느엉 5만 9천 동, 고이꾸온 5만 9천 동, 비어 라루 1만 9천 동, 소프트드링크 1만 9천 동, 까페 쓰어다 3만 5천 동, 껌찌엔 하이산 8만 9천 동 위치 후에 시내, 여행자 거리에 팜응라우(Phạm Ngũ Lão) 길 중간

MAPECODE 39215

러스틱 키친 Rustic Kitchen

여행자 거리에서 눈에 띄는 레스토랑

최근 여행자의 거리에서 인테리어가 예쁜 레스토랑 중 하나이다. 멀리서도 한눈에 들어올 만큼 은은한 조명과 나무 간판이 매력적인 레스토랑이다. 이름은 '소박한 식당'이지만, 내부 인테리어는 높은 천장에 고급 레스토랑과 같은 분위기이다. 퓨전 베트남 음식과 피자, 파스타 등을 같이 취급하여 가볍게 점심이나 저녁 식사를 하기 좋다.

주소 46 Phạm Ngũ Lão, Phú Hội, Tp. Huế, Thừa Thiên Huế 전화 0234 3688 568 시간 08:00~24:00 메뉴 짜조 6만 동, 넴루이 6만 5천 동, 반코아이 6만 동, 분보후에 6 만 동, 반미 5만 동, 그린 망고 샐러드 7만 동, 시푸드 스파게티 9만 5천 동, 까르보나라 9만 5천 동, 피자류 13만 동~ 위치 후에 시내, 여행자의 거리 팜응라루(Phạm Ngũ Lão) 거리에 위치

MAPECODE 39216

서울 한식당 Seoul Restaurant

후에에서 한국 음식이 그리울 때

후에에는 한식당이 드문데, 서울 한식당은 후에 시내의 한가운데 있어 찾아가기 편하다. 삼겹살, 갈비, 김치찌개 등 웬만한 한식은 다 있고, 한국에서 먹던 맛과 비슷한 수준이다. 여행 중 후에에서 한식이 그리워질 때 찾아가자.

주소 73 Bến Nghé, Phú Hội, tp. Huế Phú Hội tp. Huế 전화 0234 393 1789 시간 09:00~21:00 메뉴 생삼겹살 11만 동, 제육볶음 11만 동, 김치찌개 10만 동, 된장찌개 10만 동, 비빔밥 9만 동 위치 후에 시내 히카루 마사지 숍에서 로타리 방면 도보 약 5분 소요

킹스 파노라마 바 King's Panorama Bar

MAPECODE 39217

시타델과 흐엉강을 한눈에 내려다볼 수 있는 바

후에에서 가장 높은 곳에 있는 바 & 레스토랑이다. 후에에 간다면 한번은 꼭 올라가서 후에의 전경을 봐야 하는 곳이다. 낮에는 후에 시타델과 흐엉강이 한눈에 내려다보이는 탁 트인 전망이 멋지고, 밤에는 후에 시내 야경과 함께 칵테일 한잔하면 좋은 곳이다. 임페리얼 호텔 16층으로 반 층 더 올라가면 야외 테이블 공간이 있는데, 360도로 오픈되어 있어 아찔하지만 멋진 전망이 펼쳐진다.

주소 8 Hùng Vương, Phú Nhuận, Tp. Huế, Thừa Thiên Huế 전화 0234 388 2222 시간 07:00~24:00 메뉴 비어 라루 5만 동, 칵테일 8만 동~, 핑거 푸드 15만 동~ 홈페이지 www.imperial-hotel.com.vn 위치 후에 시내, 임페리얼 호텔 16층

DMZ 바 DMZ Bar

MAPECODE 39218

여행자 거리 입구에 위치한 독특한 콘셉트의 바

베트남 중부의 DMZ(비무장지대) 콘셉트로 만든 바이다. 아이러니하게도 심각할 수 있는 베트남 전쟁을 인테리어에 적용해 신선하다. DMZ 바는 와인부터 럼, 칵테일 맥주까지 상당히 다양한 종류의 주류를 취급하며 매일 오전과 오후에 2+1, 1+1 등 다양한 해피아워를 운영한다. 여행자의 거리 입구에 있어 찾아가기 쉽고, 후에를 방문하는 여행자들 사이에서 랜드마크로 알려졌다. DMZ 바 옆에 작은 호텔도 함께 운영한다.

주소 60 Lê Lợi, Phú Hội, Hue City, Thừa Thiên Huế 전화 0234 3823 414 시간 07:00~02:30 메뉴 반베오 3만 동, 반남 3만 5천 동, 반록 3만 2천 동, 고이꾸온 5만 7천 동, 칵테일 7만 5천 동~, 로컬 맥주(Huda) 2만 동 홈페이지 dmz.com.vn 위치 후에 시내, 여행자 거리 입구. 레로이(Lê Lợi) 거리와 팜응라우(Phạm Ngũ Lão) 거리가 만나는 곳

Massage
후에의 마사지

다낭이나 호이안에 비하면 아직 마사지 숍이 많은 편은 아니지만, 후에의 호텔 스파는 시설이나 서비스에 비해 가격이 합리적인 편이다. 후에 시내 도보 관광 후나 후에성과 황릉 일정을 마친 후 마사지로 피로를 풀면 좋다.

MAPECODE 39219 39228

베다나 웰니스 스파 Vedana Wellness Spa

후에의 유명 리조트의 부속 스파

후에의 필그리마지 빌리지와 베다나 라군 리조트의 부속 스파로, 상당한 규모의 스파 센터로 유명하다. 호텔 오너의 스파에 대한 열정을 느낄 수 있을 만큼 호텔 규모에 비해 큰 스파 센터와 고급스럽게 만든 개별 스파룸이 인상적이다. 특히 베다나 라군 리조트 내의 스파는 워터 빌라로 호수 위에 지어진 빌라에서 스파를 받는데, 창문 밖으로 멋진 호수 전망이 로맨틱한 분위기를 자아낸다. 이 두 호텔에서 투숙한다면 한번쯤 받아볼 만하다. 오전 시간과 투숙객에게는 별도 할인 프로그램이 있다. 부가세 10%와 봉사료 5%가 붙는다.

필그리마지

주소 130 Minh Mạng, Thủy Xuân, Thành phố Huế, Thừa Thiên Huế 전화 0234 3885 461 시간 10:00~21:00 요금 베트남 전통·타이·스웨디시·아로마 마사지 (90분) 176만 동 / 핫 스톤 마사지 (80분) 176만 동/ 오리엔탈 익스피어리언스 (135분) 232만 동 / 베다나 아로마 센세이션 (3시간) 298만 동 위치 필그리마지 빌리지 내

베다나 라군

주소 41/23 Đoàn Trọng Truyến st, Group 1, Phu Loc town, tt. Quỹ Nhất, Phú Lộc, Thua Thien-Hue 전화 0234 3681 688 위치 베다나 라군 리조트 내

히카루 마사지 Hikaru Massage

MAPECODE 39220

여행자 거리 초입에 있는 로컬 마사지

여행자 거리 초입에 위치한 로컬 마사지 숍으로, 오픈 초기부터 여행객들에게 꾸준한 사랑을 받고 있다. 발 마사지, 헤드&숄더 마사지와 같은 간단한 마사지를 주로 한다. 마사지는 지압식으로 다소 압이 강하게 느껴질 수 있으나 시원한 마사지를 원한다면 추천한다. 개별실을 이용할 경우 6만 동의 추가 요금이 있다.

주소 31B Đội Cung, Phú Hội, Tp. Huế, Thừa Thiên Huế 전화 0234 6260 888 시간 10:00~23:00 요금 발 마사지 (30분) 13만 동, (60분) 20만 동 / 핫 스톤 마사지 (60분) 25만 동 / 헤드 & 숄더 (30분) 10만 동 위치 후에 시내, 여행자 거리 근처 도이꿍(Đội Cung) 로드, 미드 타운 호텔 옆

로얄 스파 Royal Spa

MAPECODE 39221

임페리얼 호텔에 위치한 합리적인 가격의 호텔 스파

임페리얼 호텔 내 위치한 스파로, 후에 시내에서 분위기 좋은 고급 스파를 받고 싶을 때 적당한 곳이다. 로컬 마사지 숍에 비하면 비싼 편이지만, 일반 호텔 스파 가격에 비하면 시설과 서비스 대비 가격이 합리적인 편이다. 입구는 작지만 내부는 넓은데, 10개의 개별 스파룸이 있을 정도로 상당한 규모이다. 숙련된 테라피스트들이 많아서 실력도 좋다. 현지인들의 방문이 많아 미리 예약하는 것이 좋다. 10%의 부가세와 5%의 봉사료가 부가된다.

주소 8 Hùng Vương, Phú Nhuận, Tp. Huế, Thừa Thiên Huế 전화 0234 388 2222(내선 8030) 시간 15:00~23:00 요금 보디 릴렉싱 테라피 · 트래디셔널 타이 테라피 (60분) 70만 동, (90분) 100만 동 홈페이지 www.imperial-hotel.com.vn 위치 후에 시내, 임페리얼 호텔 2층

Sleeping
후에의 숙소

후에는 17세기 베트남 전통 양식이 반영된 고풍스러운 호텔이 많다. 아직 한국에 알려지지 않은 호텔이 많은데, 이런 곳은 가성비도 좋은 편이다. 후에에서의 하룻밤은 선택이 아닌 필수이다.

임페리얼 호텔 후에 Imperial Hotel Hue

MAPECODE 39222

호엉강과 후에 시내를 조망할 수 있는 호텔

임페리얼 호텔은 후에 시내에서 가장 높은 건물이다. 호텔 직원들의 유니폼부터 객실 인테리어까지, 모두 17세기 후에의 스타일로 디자인되어 있다. 대체로 후에에는 높은 건물이 없어 객실에서 호엉강과 후에 시내가 한눈에 내려다보이는 멋진 전망이 특징이다. 특히 16~17층의 킹스 파노라마 바에서는 360도로 후에 시내의 전망을 볼 수 있다.

주소 8 Hùng Vương, Phú Nhuận, Tp. Huế, Thừa Thiên Huế 전화 0234 3882 222 가격 $100~ 홈페이지 www.imperial-hotel.com.vn 위치 후에 시내

EMM 후에 EMM Hue

최근 후에 시내에 오픈한 4성급 호텔

후에 시내에 위치한 호텔로, 2016년에 새로 오픈했다. 무엇보다도 호텔 시내에 있어서 관광지와의 접근성이 좋고, 깔끔하고 모던한 객실이 특징이다. 작은 수영장도 있고 객실 요금에 비해 룸 컨디션과 위치가 좋은 4성급 호텔이다.

주소 15 Lý Thường Kiệt, Vĩnh Ninh, Tp. Huế, Thừa Thiên Huế 전화 0234 3828 255 가격 $60~ 홈페이지 emmhotels.com 위치 후에 시내

필그리마지 빌리지 Pilgrimage Village

MAPECODE 39224

평화로운 시골 마을 같은 분위기의 리조트

후에 시내에서 차로 약 15분 거리에 위치한 필그리마지 빌리지는, 평화로운 시골 외곽에 있는 분위기이다. 시내에서 멀지 않으면서도 주변에 나무와 숲이 많아서 마치 산속에 위치한 리조트에 온 느낌이다. 리조트 안에는 산책로가 잘 마련되어 있으며, 매일 오전에 요가, 타이치 등 다양한 체험 프로그램을 제공한다. 호텔에서 후에 시내 간 셔틀도 운영하며, 자매 리조트인 베다나 라군과도 하루 2번 셔틀을 운행한다. 또한 호텔에 요청하면 반일 또는 전일로 차량을 빌려 후에 성과 황릉을 돌아볼 수 있는 프로그램도 있다. 호텔 서비스 수준과 직원들의 친절도도 높아 꾸준한 인기를 끌고 있다. 시내와 멀지 않으면서도 황릉과도 가까운 편이라 후에에서 관광과 휴양을 하기 좋은 호텔이다.

주소 130 Minh Mạng, Thủy Xuân, Thành phố Huế, Thừa Thiên Huế 전화 0234 3885 461 가격 $100~ 홈페이지 www.pilgrimagevillage.com 위치 후에 시내 남서쪽 차로 약 15분 소요

베다나 라군 리조트 & 스파 Vedana Lagoon Resort & Spa

MAPECODE 39225

천혜의 자연을 배경으로 한 리조트

베다나 라군 리조트는 후에와 다낭의 중간 담 까우 하이Dam Cau Hai 호수에 위치하고 있다. 리조트 앞으로는 석호와 연결되어 있고, 멀지 않은 곳에 박마Bac Ma 국립공원이 있어 천혜의 자연을 배경으로 한다. 27ha에 달하는 부지에 68개의 객실만 두어 리조트 어디에서든 공간적인 여유가 있다. 특히 석호 위에 지어진 워터빌라는 테라스에서 바로 호수가 내려다보이며, 빌라 간 거리가 멀어 프라이빗하다. 언덕 위 풀 빌라에는 개인 수영장과 넓은 객실을 갖추고 있다. 객실 수가 적음에도 피트니스, 레스토랑, 스파, 키즈 클럽, 사우나 등을 갖추고 있으며 매일 오전 요가, 타이치 등의 액티비티 프로그램도 운영한다. 리조트 내에서 자전거를 빌려 주며, 호텔과 후에 필그리마지 빌리지 간의 셔틀도 운행한다. 다낭 국제공항과 호텔 간 약 1시간 20분, 후에 시내까지는 차로 약 40분 거리이다.

주소 41/23 Đoàn Trọng Truyến st, Group 1, Phu Loc town, tt. Quỹ Nhất, Phú Lộc, Thua Thien-Hue 전화 0234 3681 688 가격 $150~ 홈페이지 www.vedanalagoon.com

앙사나 랑코 리조트 Angsan Lang Co Resort

MAPECODE 39226

300m의 야외 수영장을 갖춘 대형 리조트

반얀트리 랑코와 인접한 곳에 위치한 앙사나 랑코 리조트는 일반 객실부터 레지던스까지 다양한 종류의 객실과 약 300m의 야외 수영장을 갖춘 대형 리조트이다. 객실은 모던한 콘셉트로 편안한 분위기이다. 풀스윗, 풀 빌라 등 일부 객실에는 작지만 개인 수영장이 있어 프라이빗한 시간을 즐길 수 있다.
스파, 피트니스, 레스토랑 등의 시설과 야외 수영장 및 골프 코스 그리고 키즈 클럽이 있어 가족 여행객들이 많이 찾는다. 다낭 국제공항과 호텔 간 무료 셔틀을 운행한다.

주소 Thôn Cù Dù, xã Lộc Vĩnh, Huyện Phú Lộc, tỉnh Thừa Thiên Huế 전화 0234 3695 800 가격 $190~ 홈페이지 www.angsana.com/ko/ap-vietnam-lang-co

반얀트리 랑코 Banyantree Lang Co

MAPECODE 39227

세계적인 리조트 브랜드 반얀트리의 풀 빌라

전 객실이 풀 빌라로, 석호(라군)가 내려다보이는 풀 빌라와 바다 전망의 풀 빌라로 구성되어 있다. 전 객실은 에어컨, 무선 인터넷, TV 및 미니바 등의 시설을 갖추고 있다. 부대시설로 아로마 오일 및 오가닉 식물 등을 이용한 마사지 트리트먼트를 제공하는 스파 시설을 비롯해 랑코만에서 해양 스포츠를 즐길 수 있고, 전체적으로 조용하며 평화로운 분위기다. 라구나 해양 스포츠 센터, 골프 코스, 피트니스 등을 갖추고 있다. 다낭 국제공항에서는 차로 약 1시간 20분 정도 소요되며, 다낭과 호텔 간 무료 셔틀을 운행한다.

주소 Thôn Cù Dù, xã Lộc Vĩnh, Huyện Phú Lộc, tỉnh Thừa Thiên Huế 전화 0234 369 5888 가격 $450~ 홈페이지 www.banyantree.com

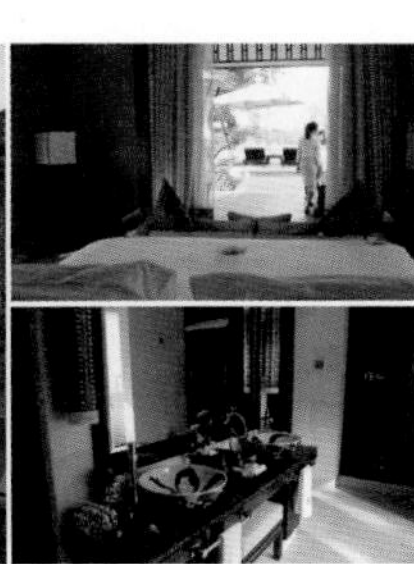

테마 여행

- 여행의 놓칠 수 없는 즐거움 베트남 음식
- 다양한 베트남의 열대 과일 맛보기
- 온몸의 피로를 풀어 주는 스파와 마사지
- 테마별 숙소 선택과 호텔 이용법

여행의 놓칠 수 없는 즐거움
베트남 음식

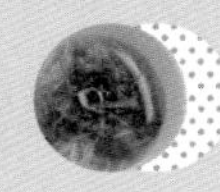

베트남은 대표적인 쌀 생산국으로, '쌀'이 모든 베트남 요리에 기본이 된다. 쌀이라는 재료 하나로 쌀국수부터 베트남식 바게트 반미Bánh Mì까지 쌀로 만든 요리가 다채롭다. 베트남은 남북으로 긴 지형의 영향으로 북부 · 중부 · 남부의 음식 문화가 뚜렷하고, 각 지방마다 특색 있는 음식이 발달하였다. 또한 베트남 음식 속에 중국 · 프랑스 · 일본의 영향을 받은 흔적이 남아 있기도 하다. 먹으면 먹을수록 그 맛이 더 궁금하고, 알면 알수록 더 흥미로운 베트남의 음식을 소개한다.

분짜

퍼보

면류

퍼보 & 퍼가 Phở Gà & Phở Bò

우리가 알고 있는 일반적인 베트남 쌀국수이다. 하노이 지방에서 먹는 쌀국수로, 하노이 스타일 Hanoi Style 쌀국수라고도 한다. 맑은 육수에 쌀국수와 고명으로 소고기나 닭고기를 얹고 야채 등을 넣어 먹는다. 담백한 맛이 우리 입맛에도 잘 맞는다. 소고기는 보 Bò, 닭고기는 가 Gà이다.

> 고수는 빼 주세요!
>
> 베트남은 태국에 비하면 음식에 고수를 많이 넣지 않는다. 하지만 그래도 입에 맞지 않는다면 '고수 빼 주세요!'라고 하면 된다.
>
> Không Cho Rau Thơm Chị ạ [콩 쪼 라우 텀 찌아]
> Không Cho Rau Mui Chị ạ [꽁 쪼 라우 무이 찌아]

미꽝 Mì Quảng

베트남 중부 꽝남 Quảng Nam 지역에서 먹는 독특한 비빔국수이다. 결혼식이나 설날 등에 먹는 음식으로 돼지고기, 닭고기, 새우, 땅콩을 넣고 피시 소스로 비벼 먹는다.

미꽝

분보후에 Bún Bò Huế

베트남 중부 후에 Hue 지역에서 먹는 쌀국수로, 퍼보와 비슷하나 매콤한 양념장을 넣어 먹는 것이 특징이다. 비가 적게 오고 태양이 강한 후에 지역에서는 고추가 많이 나기 때문이다. 칼칼한 맛이 한국인의 입맛에 잘 맞는다.

분보후에

까오러우 Cao Lầu

17~18세기 일본인들이 거주했던 호이안의 대표 로컬 푸드로, 일본 소바에서 유래된 독특한 면으로 만든 돼지고기 비빔국수이다.

분짜 Bún Chả

분짜는 쌀국수와 숯불에 구워낸 돼지고기와 채소를 새콤달콤하게 양념한 느억맘 국물에 적셔 먹는 음식이다. '분 Bún'은 쌀국수 면을, '짜 Chả'는 숯불에 구운 돼지고기 완자를 말한다.

까오러우

분팃느엉 Bún Thịt Nướng
쌀국수에 숯불에 구운 돼지고기와 민트·바질·숙주 등의 채소와 짜조 Chả Giò를 고명처럼 얹어서 느억짬 Nước Chấm이라는 매운 소스에 곁들여 먹는 음식이다.

분팃느엉

Tip 베트남 국수 종류

베트남 쌀국수는 요리에 사용되는 면의 모양에 따라 이름이 달라진다.

퍼 Phở : 납작하고 넓은 면으로, 주로 퍼가, 퍼보 등의 하노이식 쌀국수와 고이꾸온에 들어간다.
분 Bún : 한국의 잔치 국수 면처럼 동그란 면으로, 분보후에 Bún Bò Huế, 분짜 Bún Chả 등에 쓰이는 면이다.
미 Mì : 분 Bún보다 조금 얇고 노란색을 띠는 면이다. 계란을 넣어 만들어 고소하고, 볶음면 요리에 사용한다.

밥류

껌짱 Cơm Trắng
흰밥을 주문할 때, 껌짱이라고 하면 된다.

쏘이 Xôi
찹쌀로 만든 흰밥을 말한다.

껌가 Cơm Gà
굽거나 양념하여 찐 닭고기를 밥 위에 얹은 닭고기 덮밥이다. 베트남식 샐러드도 곁들여 나온다.

껌찌엔 하이산 Cơm Chiên Hải Sản
껌찌엔은 볶음밥, 하이산은 해산물로 해산물 볶음밥을 말한다. 한국인의 입맛에도 잘 맞는다.

껌가

껌찌엔 하이산

빵 & 애피타이저

반미 Bánh Mì
쌀로 만든 바게트이다. 바게트 안에 취향대로 재료를 넣어 베트남식 샌드위치를 만들어 먹는다. 고깃국물에 찍어 아침 식사 대용으로 먹기도 한다.

반짱(라이스 페이퍼) Bánh Tráng
베트남의 거의 모든 요리에 사용되는, 쌀가루를 얇게 펴서 찐 것이다. 베트남 현지의 라이스 페이퍼는 부드러운데, 수분이 묻으면 바로 촉촉해진다.

반짱

반미 샌드위치

반미

고이꾸온

짜조

반베오

고이꾸온 Gỏi Cuốn

상추, 민트, 숙주 등의 야채와 익힌 새우 등을 라이스 페이퍼로 감싼 요리로, 땅콩 소스나 느억맘 소스를 찍어 먹는다. 두꺼운 라이스 페이퍼로 싼 것은 퍼 꾸온 Phở Cuốn이라고 한다.

짜조 Chả Giò

짜조는 다진 고기나 새우살, 버섯, 쌀국수 등을 라이스 페이퍼로 싸서 튀긴 요리로, 고이꾸온을 튀긴 것으로 생각하면 된다. 북부 지방에서는 '넴 Nem'이라고 한다.

반쎄오

화이트로즈

반쎄오 Bánh Xèo

묽은 쌀가루 반죽을 프라이팬에 두르고 위에 새우, 돼지고기, 콩, 숙주 등을 넣고 반을 접어 만드는 베트남식 부침개이다. 상추나 민트 등을 넣고 라이스 페이퍼에 싸 먹는다.

화이트로즈(반바오반박) White Rose(Bánh Bao Bánh Vạc)

까오러우와 더불어 호이안의 대표 음식으로, 부드러운 라이스 페이퍼에 곱게 갈은 새우살을 넣어 만든 호이안식 물만두이다. 베트남어로는 반바오반박이라고 한다.

호안탄찌엔 Hoành Thánh Chiên

화이트로즈를 튀겨서 만든 음식이다. 여기에 토마토, 야채 등을 잘게 다져 얹어서 소스를 뿌려 먹는다.

반베오 Bánh Bèo

후에의 대표 요리로, 쌀가루와 타피오카 가루를 섞어 종지 같은 작은 그릇에 넣고 찐 요리이다. 그리고 그 위에 새우 가루나 돼지고기 등의 고명을 얹어서 먹는다.

반록 Bánh Lọc

타피오카 전분으로 만든 떡이다. 타피오카 가루에 새우를 넣고 바나나 잎으로 싸서 찐다.

반코아이 Bánh Khoái

베트남식 팬케이크이다. 밀가루 반죽을 튀겨서 계란, 새우 등을 넣어서 먹는다.

반코아이

반록

물티슈는 유료

베트남은 식당에서 물티슈를 제공하고 별도로 돈을 받는다. 필요하지 않으면 거절하면 된다.

칸란 Khan Lanh = 물티슈

반호이팃느엉
똠수찌엔보또이
라오무엉싸오또이

넴루이 Nem Lụi
돼지고기 완자를 숯불에 구운 것을 말한다. 보통 야채와 함께 촉촉한 라이스 페이퍼에 싸 먹는다.

넴루이

반호이팃느엉 Bánh Hối Thit Nướng
양념한 돼지고기 바비큐를 쌀국수, 야채와 함께 소스에 적셔 먹는다.

라오무엉싸오또이 Rau Muống Xào Tỏi
굴소스와 마늘을 넣어 볶은 모닝글로리(공심채) 야채 요리이다. 밥과 잘 어울린다.

똠수찌엔보또이 Tôm Sú Chiên Bơ Tỏi
버터와 마늘을 넣어 볶은 새우 요리이다.

똠수느엉 Tôm Sú Nướng
새우 바비큐 구이다.

버라롯 Bò Lá Lốt
소고기를 갈아서 잎에 싸서 구운 베트남식 소시지다.

버라롯

메뉴판에 많이 쓰이는 베트남 식재료 읽기

대부분 베트남 식당의 메뉴판에는 영어로 설명이 되어 있지만, 자주 사용하는 베트남의 식재료 현지어를 알아 두면 편리하다.

고기 Thịt [팃]	소 Bò [보]	닭 Gà [가]	돼지 Heo [헤오]
	소고기 Thịt Bò [팃 보]	닭고기 Thịt Gà [팃 가]	돼지고기 Thịt Heo [팃 헤오]
해산물 Hai San [하이산]	생선 Ca [까]	새우 Tôm [똠]	조개 Hến [헨]
기타	밥 Cơm [껌]	빵 Bánh Mì [반미]	물 Nước [느억]
	피시 소스 Nước Mắm [느억맘]	굽다 Nướng [느엉]	메뉴 Thực đơn [특던]

음료 &
디저트

까페 쓰어다 Cà Phê Sữa đá

베트남 커피로 진하게 내린 커피에 연유를 넣어 먹는다. 쓰고 진하고 달다.

까페 덴다 Cà Phê đen đá

베트남식 아이스 아메리카노를 말한다.

카페 덴다

느억미아

느억미아

느억미아 Nước Mía

사탕수수즙으로, 길거리에서 직접 짜서 파는 곳이 많다. 더운 여름 당분을 보충하는 데 최고다.

짜다 Trà đá

얼음차를 말한다.

쩨 Che

베트남식 팥빙수로 콩, 팥, 쌀 등을 넣고 얼음과 연유를 넣어 만든다. 주로 식후에 디저트로 먹는다.

짜다

카페 쓰어다

쩨

THEME TRAVEL 02

다양한 베트남의 **열대 과일 맛보기**

베트남은 북부 하노이를 제외하고는 연중 열대 기후로, 다양한 열대 과일이 많이 난다. 연중 출하되는 용과를 제외하고 대부분의 열대 과일은 태양이 뜨거워지는 4~9월에 수확한다. 호텔 조식은 물론 다낭 시내의 한 시장과 대형 마트, 호이안의 재래시장 등에서 싱싱한 열대 과일을 저렴하게 구입하여 맛볼 수 있다.

망고 Mango / Xoài [쏘와이]

열대 과일 중 대표 인기 열매로, 노란색 과육은 달콤한 맛이 있고 특유의 향이 있다. 생으로 먹기도 하고, 주스로 만들어 먹기도 한다. 덜 익은 것 같은 녹색의 그린 망고Green Mango와 노란색의 망고 두 가지가 있는데, 그린 망고는 노란색 망고보다 당도는 떨어지나 아삭한 식감을 느낄 수 있다.

망고스틴 Mangosteen / Măng Cụt [망꿋]

보라색 껍질에 속은 마늘처럼 6~8개의 쪽으로 나뉘어 있고, 맛은 새콤달콤하다. 우리 입맛에 맞아서 망고와 함께 가장 인기 있는 열대 과일이다. 껍질이 짙은 보라색이고, 꼭지가 진한 녹색을 띠는 것이 싱싱하고 당도가 높은 과일이다.

패션 프루트 Passion Fruit / Chanh Dây [짠여이]

자주색의 과일을 반으로 자르면 개구리 알 같은 씨와 과육이 들어 있는데, 새콤달콤한 맛과 씨의 아삭함이 특징이다. 뭉클한 젤리 같은 식감으로 호불호가 갈리는 과일이기도 하다.

람부탄 Rambutan / Chôm Chôm [쫌쫌]

붉은 껍질에 털실같이 수염이 나 있어 마치 밤송이를 연상케 하는 모양이다. 껍질은 손으로 쉽게 깔 수 있으며, 흰색 과육이 들어 있다. 새콤달콤한 맛으로 용안이나 리치와 비슷하다.

용과 Dragon Fruit / Thanh Long [탄롱]

화려한 겉모습과 달리 맛은 심심하고 담백한 맛이다. 과육에 따라 흰색과 보라색으로 나뉜다. 겉이 딱딱하고 진한 분홍색인 것이 좋은 용과이다.

코코넛 Coconut / Dứa [즈어]

축구공만 한 사이즈로 딱딱한 껍질 윗부분을 칼로 도려내면, 시원한 과즙이 가득 차 있다. 과즙은 마시고, 안쪽에 붙어 있는 흰색 과육은 숟가락으로 긁어먹는다. 이 과육은 말려서 먹기도 하고, 코코넛 밀크로 만들기도 한다.

코코넛

용안
스타 프루트

용안 Longan / Nhãn [냔]

겉은 포도와 비슷하지만, 희고 투명한 과육 속에 검은색 씨가 들어 있는 모양이 '용의 눈'과 비슷하다고 해서 붙여진 이름이다. 새콤한 맛이 우리에게 익숙한 리치와 비슷하다. 용안과 비슷하나 알맹이가 더 큰 것은 '본본Bon Bon'이라고 한다.

스타 프루트 Star Fruit / Khe [케]

과일을 자른 단면이 별 모양이라고 해서 스타 프루트로 더 잘 알려져 있다. 아삭한 식감이 특징이고, 자두와 비슷한 맛이다.

잭 프루트 Jack Fruit / Mit [밋]

겉모양은 두리안과 비슷하나 두리안보다 훨씬 크고 껍질의 돌기가 작다. 큰 사이즈의 잭 프루트는 30kg가 넘는 것도 있다. 맛도 두리안과 전혀 달라서 쫄깃한 식감과 달콤한 맛으로 인기 과일 중 하나다.

파파야 Papaya / đu đủ [두두]

덜 익은 그린 파파야는 채소처럼 요리 재료로 쓰이기도 하고, 베트남 요리에서 곁들여 나오기도 한다. 잘 익은 노란색 파파야는 보통 생으로 먹는데, 달콤하고 부드러운 식감을 가지고 있다.

파파야

바나나 Banana / Chuối [쭈오이]

생으로 먹기도 하나 강한 태양으로 많이 익은 것들은 튀겨서 먹거나 말려서 먹는다.

파인애플 Pineapple / Thơm [텀]

베트남 파인애플은 사이즈가 중간 정도로 작지만, 당도는 상당히 높은 편이다. 보통 깎아서 생으로도 먹지만, 속을 파내고 파인애플 볶음밥을 만들어 먹기도 한다.

잭 프루트

파인애플
바나나

수박

커스터드 애플

수박 Watermelon / Dưa Hấu [즈허우]
시원하고 달콤한 수박은 많이 익으면 푸석푸석하기도 하다.

두리안 Durian / Sầu Riêng [써우리엥]
'열대 과일의 왕'으로 불리나 특유의 향 때문에 호불호가 갈리는 과일이다. 덜 익은 것은 향이 강하지 않지만, 숙성시킬수록 향이 강해진다.

두리안

커스터드 애플 Custard Apple / Mãng Cầu [망꺼우]
울퉁불퉁 못생긴 외모와 달리 속의 과육은 아이보리색으로 부드럽고 달콤하다. 이름처럼 커스터드 크림을 연상케 하는 푸딩과 비슷한 식감에 단맛이 강하다.

아보카도 Avocado / Bơ [버]
식재료로 많이 쓰이는 아보카도는 야채로 알고 있는 사람이 많지만 실제로는 열대 과일이다. 베트남은 다른 지역보다 아보카도가 많이 생산되어 싱싱한 아보카도가 저렴한 편이다. 잘 익은 아보카도는 고소한 맛이 난다. 반으로 잘라 숟가락으로 떠먹으면 된다.

아보카도

Tip 열대과일, 이것만은 알고 먹자!
망고스틴이나 람부탄 등은 손으로 까고 나면 손에 과일의 색이 물드는데, 호텔 침구나 수건에 물이 들면 지워지지 않아서 배상해야 한다. 반드시 휴지나 물티슈를 사용해 손을 닦아야 한다. 손에 물드는 것이 싫다면, 일회용 비닐장갑을 이용하는 것도 좋다. 두리안은 객실 내로 반입할 경우 그 냄새가 방안에 스며들 수 있어 호텔 내로는 반입이 금지다. 반입해서 문제가 될 경우, 벌금을 낼 수도 있으니 주의하자. 열대 과일은 열량이 높아서 술과 함께 먹거나 너무 많이 먹으면 탈이 날 수도 있다.

온몸의 피로를 풀어 주는 **스파와 마사지**

다낭 여행에서 하루 한 번은 스파나 마사지를 받자. 스파는 '물을 이용한 치료 또는 관리'라는 의미로, 보통 물을 이용한 테라피에 마사지를 결합한 프로그램을 말한다. 반면 마사지는 우리가 잘 아는 대로 아로마 마사지, 타이 마사지, 발 마사지 등 단일 마사지를 가리킨다. 독립적인 공간에서 보다 나은 서비스를 원한다면, 그리고 일정에 여유가 있다면 2~3시간의 스파 패키지를 적극 추천한다.

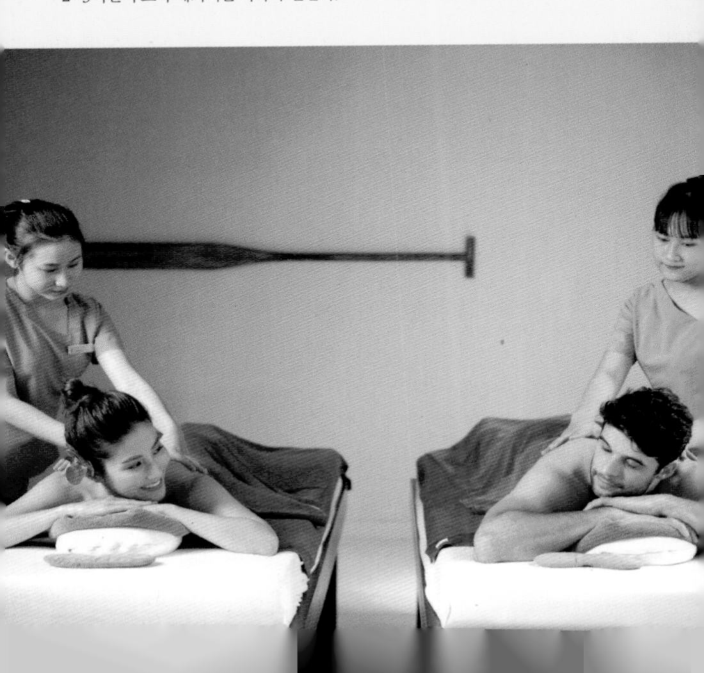

스파는 보통 2~3시간 코스로 된 패키지 프로그램이 대부분이다. 스팀Steam & 사우나Sauna 또는 족욕Foot Bath으로 모공을 열어 피부를 마사지 받기에 좋은 상태로 만든 후 본격적으로 마사지를 시작한다.

스파 순서

STEP❶ 프로그램 선택

원하는 프로그램을 선택하면, 본인의 몸 상태(아픈 곳이 있는지, 복용하는 약이 있는지, 여성의 경우 생리 중인지 등)를 체크하고 마사지 강도를 선택한다.

STEP❷ 탈의 및 사우나

로커가 있는 탈의실이나 개별 룸에서 옷을 갈아입고(오일 마사지의 경우, 속옷을 탈의하고 일회용 속옷을 착용) 사우나 또는 자쿠지를 한다. 사우나, 자쿠지는 피부의 모공을 열고 근육을 이완시켜 마사지 받기 좋은 상태로 만드는 역할을 한다.

STEP❸ 스크럽 또는 보디 랩(선택)

선택한 프로그램에 스크럽이나 보디 랩이 있으면, 마사지를 받기 전에 먼저 피부의 각질 제거나 제품을 사용하여 랩을 한다.

STEP❹ 마사지

선택한 프로그램에 있는 본격적인 마사지를 받는다. 아로마향이 첨가된 아로마 오일 마사지, 건식 타이 마사지, 뜨거운 돌에 오일을 발라 문지르는 핫 스톤 마사지 등을 1~2시간 정도 진행한다. 오일 마사지의 경우, 오일이 피부에 스며들도록 바로 샤워하지 않는 것이 좋다.

STEP❺ 차 또는 간식

스파 프로그램이 끝나면, 간단한 샤워를 하고 옷을 갈아입은 후 별도의 장소에서 차와 쿠키 또는 간식을 제공받는다.

보통 1시간 정도로 받는 단품 마사지를 말하며, 마사지 부위와 사용하는 제품 그리고 방식에 따라 나뉜다.

발 마사지 Foot Massage

오일이나 로션 등의 제품을 사용하여 발가락부터 무릎 윗부분까지 하반신 대부분을 마사지한다. 발가락과 종아리 부분의 근육을 풀어 주는 데 도움이 되며, 발 마사지 전용 의자에 앉아서 받는다.

오일 마사지 & 아로마 오일 마사지 Oil Massage & Oil Massage Aroma

보디 마사지 전용 오일이나 뜨겁게 데운 오일을 사용하는 마사지이다. 오일을 사용하여 일반 마사지보다 부드럽고 근육의 긴장을 푸는 데 효과적이다. 오일 마사지를 받은 후에는 오일이 피부에 스며들도록 바로 샤워하지 않는 것이 좋다.

핫 스톤 마사지 Hot Stone Massage

뜨겁게 달군 돌에서 나오는 적외선으로 몸의 피로를 풀어 주는 마사지이다. 돌에 오일을 바르고 몸에 적정한 압력으로 문지르거나 몸의 혈자리에 돌을 올려 놓아 긴장을 풀고 독성을 배출하는 데 도움을 준다.

타이 마사지 Thai Massage

스트레칭과 손바닥을 이용한 늘리기, 주무르기 등으로 근육의 피로를 풀어 주는 마사지이다. 오일을 사용하지 않는 건식 마사지이다.

스웨디시 마사지 Swedish Massage

근육의 긴장과 스트레스를 풀어 주는 마사지로, 심장에서 먼 곳부터 심장 가까이 부드럽게 손바닥으로 문질러 주는 마사지이다. 근육은 물론 뼈에도 압력이 가해지도록 하는 마사지로, 스포츠 마사지와도 비슷하다.

시아추 마사지 Shiatsu Massage

손가락과 손바닥의 압력을 이용하여 혈 자리를 눌러 주는 일본식 지압 마사지이다. 오일이나 로션을 사용하지 않으며, 경락 마사지와 비슷하고 강도가 강한 편이다.

프레나탈 마사지 Prenatal Massage

임산부를 위한 임산부 전용 마사지이다. 임산부에게 사용할 수 있는 오일과 제품으로 전신보다 어깨, 등, 머리, 발, 다리 등을 부드럽게 마사지한다.

Tip 임산부도 마사지를 받을 수 있나요?

6개월 미만의 임산부는 마사지를 받지 않는 것이 좋다. 일반적인 마사지 숍에서는 6개월 이상의 임산부를 대상으로 한 마사지 프로그램을 운영하는데, 임산부가 사용할 수 있는 제품인지 확인하고 받는 것이 좋다. 보통 어깨와 등, 발 위주로 마사지가 진행된다.

매일 마사지가 제공되는 호텔과 리조트

다낭은 전 세계에서 보기 드물게 호텔에서 투숙객을 대상으로 마사지가 제공되는 호텔과 리조트가 많다. 편하고 고급스럽게 호텔에서 받는 마사지로 투숙객의 인기를 끌고 있다.

나만 리트리트 다낭 Naman Retreat Da Nang

15개가 넘는 마사지룸과 30여 명의 테라피스트 등 대형 스파 시설을 갖춘 리조트이다. 만 16세 이상의 투숙객을 대상으로 매일 50분 스파 1회가 제공된다. 아로마 마사지, 타이 마사지, 시아추 마사지 등 다양한 프로그램이 있으며, 임산부 프로그램도 있다.

퓨전 마이아 다낭 Fusion Maia Da Nang

투숙객에게 하루 2번의 마사지가 제공된다. 마사지 오일을 직접 선택할 수 있고, 마사지룸이 고급스러우며, 스파 건물 내에 별도의 수영장까지 갖추고 있다. 히말라얀 하트스톤 마사지Himalayan Heart Stone, 대나무 마사지Active Bamboo Roll-out, 근육 이완 마사지Warm Pressure Massage 등의 특별한 마사지 프로그램이 많은 것도 장점이다.

알마니티 리조트 호이안 Almanity Resort Hoi An

호텔 시설에 비해 상당한 규모의 스파 센터를 갖추고 있다. 투숙객에게 매일 90분 스파 프로그램을 1회 제공하는데, 일반 마사지 외에도 명상, 요가 등의 프로그램이 있다.

퓨전 스위트 다낭 Fusion Suite Da Nang

퓨전 마니아 다낭과 같은 그룹의 호텔로, 매일 45분 발 마사지를 제공한다. 별도의 스파룸이 아닌 객실에서 제공해 편리하다.

THEME TRAVEL 04

테마별 숙소 선택과 **호텔 이용법**

커플 · 태교 · 대가족 여행 등 여행 유형이 다양한 다낭은 숙소 선택이 중요하다. 특히 비행 스케줄이 다양하고 여러 관광 명소가 흩어져 있기 때문에 동선과 일정에 따라 합리적인 숙소 선택이 중요하다.

늦은 밤이나 새벽에 도착한다면, 시내로!

여행 첫날 밤이나 새벽에 도착하는 비행 스케줄이라면, 리조트 내 부대시설을 사용할 시간이 없기 때문에 깔끔하고 다소 저렴한 다낭 시내 쪽 호텔을 선택하는 게 좋다. 거리도 가깝고 호텔 비용도 줄일 수 있다.

추천 호텔 사노우바 다낭 호텔, 그랜드브리오 시티 다낭, 알라까르테 다낭 비치, 오렌지 호텔, 아보라 호텔

아이가 있다면, 키즈 클럽을 체크하자!

아이와 함께 가는 여행이라면 아이들을 맡기거나 시간을 보낼 수 있는 키즈 클럽이 있는 호텔이 좋다. 날씨가 더우면 키즈 클럽에서 놀 수도 있고, 또래 아이들이 있어서 아이에게도 즐거운 시간이 될 수 있다.

추천 호텔 인터컨티넨탈 선 페닌슐라 다낭, 하얏트 리젠시 다낭 리조트 & 스파, 빈펄 호이안 리조트 & 빌리지

관광형 VS 휴양형?

활동적이고 많은 곳을 보는 여행이라면 해변형 리조트보다 시내에 위치한 호텔이 좋다. 리조트의 부대시설을 이용할 시간이 적고, 시내와 가까워서 접근성이 좋기 때문이다. 휴양의 비중이 높은 여행이라면 호텔 내 머무는 시간이 많기 때문에 부대시설과 룸 컨디션 등을 잘 따져 보는 것이 좋다.

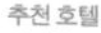

추천 호텔

관광형 알라까르테 다낭 비치, 퓨전 스위트 다낭 비치 **휴양형** 인터컨티넨탈 선 페닌슐라 다낭, 나만 리트리트 다낭, 퓨전 마이아 다낭, 선라이즈 프리미엄 리조트

가족 여행일 경우, 리조트 VS 풀 빌라

풀 빌라는 허니문이나 커플만 가는 곳이 아니다. 다낭에는 3~5베드룸 풀 빌라까지 대가족이 이용하기 좋은 풀 빌라가 많다. 가족끼리 모여서 이야기를 나눌 수 있는 공간이 있어 가족 여행으로 좋다.

추천 호텔 푸라마 리조트, 나만 리트리트 다낭, 빈펄 호이안 리조트 & 빌라스, 프리미어 빌리지 다낭 리조트

호이안 올드 타운 VS 호이안 해변?

하루나 이틀 정도 호이안의 시내를 돌아볼 예정이면 올드 타운 쪽의 호텔을 선택하는 것이 좋다. 안방 비치, 끄어다이 비치로 호텔 셔틀이 있어서 이동이 어렵지 않다. 호이안에서 3일 이상의 일정이라면 끄어다이 비치에 위치한 리조트에서 하루 정도 숙박하는 것이 답답하지 않아서 좋다.

추천 호텔
올드 타운 라 시에스타 리조트 &스파, EMM 호텔 호이안
호이안 해변 팜 가든 비치 리조트 & 스파, 선라이즈 프리미엄 리조트

후에에서 숙박을 해야 할까?

후에성과 황릉 1~2개 정도 볼 계획이면, 일부러 후에에서 숙박하지 않아도 된다. 그러나 아이나 부모님을 동반한 여행이라면, 왕복 4시간 이상의 긴 이동 시간이 무리가 될 수 있다. 만약 후에에서 하루를 숙박하게 되면, 성과 황릉 외에도 동바 시장 등 로컬 문화도 여유 있게 볼 수 있어 좋다.

추천 호텔 EMM 호이안 호텔, 임페리얼 호텔 후에, 필그리마지 빌리지

여행객에게 호텔 이용은 여행지에 도착해서 가장 먼저 부딪히는 부담스러운 일이 될 수 있다. 평소 궁금했던 호텔 이용법, 알고 보면 전혀 어렵지 않은 일이다. 또한 호텔에서 제공하는 프로그램 및 부대시설을 잘 알고 이용하면 좋다. 체크인부터 체크아웃까지 호텔 이용 팁을 알아보자!

체크인 Check In

호텔 객실에 입실하는 것을 체크인 Check-In, 퇴실을 체크아웃 Check-Out이라고 한다. 보통 체크인은 오후 2~3시이고, 체크아웃은 오전 11~12시이다. 호텔에 도착하면 프론트 데스크(또는 리셉션)에 여권과 호텔 숙박권Voucher을 제시하면 체크인 서류를 작성하게 된다.

체크인 서류를 작성하고 나면 신용 카드나 현금으로 숙박 보증금을 예치하게 되는데, 일정 금액을 현금으로 맡기거나 카드로 승인을 하게 된다. 이 과정이 끝나면 호텔 키를 받아서 객실로 이동한다. 짐은 호텔 직원이나

벨보이가 방으로 가져다 주는데, 짐을 가지고 왔을 때 $2~3 정도 팁을 주면 된다. 경우에 따라 객실 비품과 사용법을 설명해 주기도 한다.

디파짓Deposit이란?

호텔에서 객실 내 가구나 비품의 파손 및 추후 발생될 비용에 대비하여 보증금을 요구하는데, 이를 디파짓이라고 한다. 디파짓은 신용 카드나 현금으로 할 수 있고, 신용 카드의 경우 호텔 측에서 일정 비용을 승인 요청하거나 신용 카드 번호, 유효 기간 등을 복사하여 보관하게 된다.

팁을 얼마나 주어야 할까요?

호텔에 도착해서 객실로 짐을 가져다 주는 컨시어즈 Concierge 직원과 매일 객실을 청소해 주는 룸 메이드 Room maid 직원에게 약간의 수고비를 주는 것은 에티켓이다. 팁은 만족스러운 서비스에 대한 성의 및 감사의 표시로, $2~3 정도가 적당하고 불친절한 서비스를 받거나 잔돈이 없을 때에는 생략해도 된다.

미니 바 & 객실 비품 Mini Bar & Room Amenity

객실 내 냉장고와 그 주변에 마련된 음료, 스낵류, 주류, 물 등을 미니바라고 한다. 호텔 예약 시 '미니바 무료 제공 Complimentary Mini Bar'이라는 조건이 없다면, 대부분 객실 내 냉장고 안에 있는 음료나 스낵류, 주류 모두 유료이다. 객실 내 '무료 Complimentary'라고 적혀진 물 2병과 커피, 차 등은 무료인 경우가 많다.
그 외에도 욕실에 마련된 샴푸, 트리트먼트, 비누, 보디 숍 등의 비품을 어메니티 Amenity라고 하는데, 투숙 기간 중 무료로 제공된다. 최근 환경 보호의 일환으로 일회용 칫솔, 치약 등은 없는 곳이 많으니 개인이 챙겨 가는 것이 좋다.

금고 사용법 Safety Box

호텔 내 객실 옷장이나 테이블 아래에 보면 금고Safety Box가 있다. 금고는 비밀번호 입력식과 신용 카드 잠금식 2가지가 있는데, 대부분 비밀번호 입력식이 많다. 사용 방법은 우선 금고의 리셋Reset 버튼을 눌러 초기화시킨 후, 4자리(또는 3자리) 비밀번호를 누르고 닫힘Close 버튼을 누르면 잠긴다.

인터넷 Wifi

대부분의 호텔에서는 투숙객에게 무료로 무선 인터넷을 제공한다. 호텔에 따라서 유료이거나 로비와 수영장 같은 공공장소는 무료이고, 객실에서는 유료인 경우도 있으니 체크인 시 반드시 물어보고 사용하는 것이 좋다. 패스워드가 있을 수 있으니, 역시 프론트 데스크에 문의하자.

룸 서비스 Room Service

객실 내에서 음식, 음료 등을 주문하는 것을 말한다. 호텔에 따라서 23시 이전까지만 가능한 곳도 있고, 24시간 가능한 곳도 있다. 보통은 객실로 배달료가 추가로 청구되지 않지만, 조식이나 특정 호텔의 경우 배달료가 별도로 발생할 수 있으니 확인 후 이용하자. 룸 서비스로 주문한 금액은 룸으로 청구Room Charge 하고, 체크아웃 시 일괄 결제할 수 있다.

조식 Breakfast

동남아시아 대부분의 호텔들은 아침 식사가 숙박료에 포함되어 있다. 단, 예약 시 조식 포함 여부에 따라서 별도일 수 있으니 예약 포함 사항을 확인하면 된다. 조식은 보통 오전 7~10시 사이에 조식 레스토랑에서 제공된다. 뷔페식으로 제공되며, 호텔에 따라서 메인 메뉴를 선택하는 '주문식'도 있다. 조식 레스토랑 입구에서 방 번호와 투숙객 이름을 확인하고 테이블로 안내를 받게 되는데, 차와 커피를 서비스 받는다. 식사 후 영수증을 받는데, 조식이 포함되어 있다면 추가 비용이 청구되는 것은 아니니 걱정하지 않아도 된다.

부대시설 이용하기 Facility

대부분의 리조트는 메인 수영장, 피트니스, 레스토랑, 스파, 키즈 클럽 등 부대시설을 갖추고 있다. 투숙객이라면 자유롭게 이용할 수 있는데, 스파, 레스토랑 등은 이용 시 비용이 발생된다. 부대시설과 더불어 호텔에서 액티비티 프로그램을 제공하는 곳도 있는데, 요가, 명상, 아쿠아 에어로빅, 전통 등 만들기, 트레킹 등 다양한 프로그램을 선택해서 참여할 수 있다. 동력이나 재료가 필요한 프로그램을 제외하고는 무료가 많아서 호텔 액티비티 프로그램을 체크해서 이용해 보자.

수영장 Main Pool

호텔 내 수영장을 갖춘 곳은 투숙객이 무료로 이용할 수 있으며 보통 07:00~18:00까지 운영한다. 늦은 시간이나 밤에는 안전요원이 없어서 주의할 필요가 있다. 또한 한밤중에는 소음으로 투숙객에게 불편을 줄 수 있으니 삼가는 것이 좋다. 비치 타월은 수영장 주변에 비치되어 있거나, 룸에서 가져오면 된다.

피트니스 Fitness

운동할 수 있는 피트니스 또는 헬스 클럽은 투숙객에게 대부분 무료로 오픈한다. 호텔마다 다르지만 보통 24시간 오픈하는 경우가 많은데, 피트니스 내 샤워실이나 탈의실을 갖춘 경우가 많다.

키즈 클럽 Kids Club

만 12세 미만 아이들이 놀 수 있는 공간으로, 만들기나 게임 등의 프로그램이 있다. 만 5세 미만은 반드시 부모가 동반해야 하며, 특별 프로그램의 경우 유료인 것도 있어 확인이 필요하다.

레스토랑 Restaurant

투숙객의 경우, 호텔 내 레스토랑을 이용한 금액을 체크아웃할 때 일괄적으로 지불할 수 있는데, 이를 '룸 차지 Room Charge'라고 한다. 식사가 끝나고 영수증에 방 번호와 투숙객 이름, 서명을 하면 된다. 체크아웃 시 신용 카드나 현금으로 결제하면 된다.

스파 Spa

호텔 부속 스파가 있는 경우, 투숙객에게 할인 프로모션을 하는 경우가 있다. 호텔 스파는 서비스와 시설이 좋고, 일부러 외부로 나가지 않고 받을 수 있기 때문에 편리하다. 레스토랑과 마찬가지로 체크아웃 시 일괄 결제가 가능하다.

체크아웃 Check Out

키를 반납하고 방에서 나가는 것을 말한다. 보통 오전 11~12시가 체크아웃 시간이며, 이 시간 이후에 나갈 경우 추가 요금이 발생된다. 체크아웃 시, 호텔 내에서 사용한 비용이 있으면 이때 일괄 결제하면 된다. 체크인 시 발생한 디파짓 보증금은 현금으로 했을 경우 돌려받거나 신용 카드의 경우 1~2주 내로 승인 취소가 된다.

레이트 체크아웃 Late Check Out

정규 퇴실 시간 이후에 체크아웃하는 것을 말하며, 보통 18시까지 객실료의 50%, 18시 이후에는 1박 비용이 추가된다. 레이트 체크아웃은 호텔에 사전에 요청하고 추가 비용이 발생하는지 확인해야 한다. 레이트 체크아웃이 아니라도, 퇴실 후 호텔 수영장 사용은 가능한 곳이 많아서 호텔에 미리 물어보고 체크아웃 후 로비에 짐을 맡긴 후 수영장 등의 시설을 이용하는 방법도 있다.

여행 정보

- 여행 준비
- 출국 수속
- 베트남 입국하기
- 집으로 돌아가는 길

여행 준비

여권 만들기

해외여행의 첫걸음은 바로 여권을 만드는 것부터 시작한다. 여권은 항공편 탑승할 때 이외에도 해외에서 신분증의 역할을 하는 중요한 서류이다. 여권에 사용할 영문 이름은 한 번 신청하면 추후 변경하기가 힘들기 때문에 신중하게 결정해야 한다.

2008년 8월부터 전자 여권 제도가 시행됨에 따라 질병 및 장애의 경우와 만 18세 미만 미성년자를 제외하고 본인이 직접 신청해야 한다. 단, 아동이나 유아의 경우 부모가 대신 신청 가능하다. 전자 여권은 기존 여권과 외양은 같으나 여권에 전자칩이 내장되어 있으며, 신규 발급이나 재발급 받는 사람들은 모두 전자 여권으로 발급받는다.

여권 신청은 가까운 여권 발급 기관에서 여권 발급 신청서 + 여권용 사진 1매(6개월 이내에 촬영한 사진) + 신분증을 지참하고 신청할 수 있다. 여권은 1년 이내 1회만 사용할 수 있는 단수 여권과 5년, 10년의 복수 여권이 있는데 국가별로 단수 여권으로 입국이 불가능한 국가도 있으니 발급 전 반드시 확인하고 신청해야 한다. 서울은 각 구청에서, 지방은 시, 군청 등에서 신청할 수 있으며 발급 기간은 기관마다 다소 차이가 있으나 보통 공휴일 제외 3~7일 정도 소요된다. 여름 휴가철이나 연휴 전후로는 발급 기간이 더 소요될 수 있으니 출발 일에 여유를 두고 미리 신청하는 것이 좋다. 여권 발급 기관 및 신청에 관한 자세한 사항은 www.passport.go.kr에서 확인할 수 있다.

여권 발급에 필요한 서류

❶ 여권 발급 신청서 1부
❷ 여권용 사진(6개월 이내 촬영한 사진)
❸ 신분증
❹ 발급 수수료

외교부 여권과 업무 안내

시간 09:00~12:00, 13:00~18:00(토~일 · 공휴일 휴무)
민원 상담 02-733-2114

비자

한국인은 최대 15일간 무비자로 체류가 가능하다. 단, 15일 이내 베트남을 출입국 완료하는 왕복 항공권 또는 제3국행 항공권을 소지하고, 여권 유효 기간이 최소 6개월 이상 남아 있어야 한다. 제3국으로의 경유(탑승 게이트 동에서만 이동) 시에는 비자가 필요 없다. 또한 베트남은 30일 이내 무비자로 재입국이 불가능하다. 30일 이내의 재입국 시, 도착 비자 또는 베트남 대사관에서 미리 비자를 받아야 한다.

만 14세 미만 소아의 경우, 어머니만 동반하는 경우 영문 주민 등록 등본을 지참해야 한다. 또한 아버지가 동반하더라도, 여권상의 아버지 성과 아이의 성의 철자가 다른 경우에도 역시 영문 주민 등

Tip 긴급 여권 재발급 서비스

여권의 자체 결함(신원 정보지 이탈 및 재봉선 분리 등) 또는 여권 발급 기관의 행정 착오로 여권이 잘못 발급된 사실이 최소한 출국 4일 이전 발견된 경우에 여권을 긴급하게 재발급받을 수 있다.

여권 발급 신청서(또는 간이 서식), 여권용 사진 1매(6개월 이내에 촬영한 사진), 신분증, 항공권 사본, 긴급성 증명 서류(의사 소견서, 사망 진단서, 사업상 증명 서류, 초청장 또는 계약서, 재직 증명서 또는 사업자등록증), 신청 사유서 등을 준비하여 여권 발급 기관에 신청한다. 당일 15시 이전 신청만 가능하며, 48시간 이내에 긴급하게 여권을 발급받을 수 있다.

출발 당일 또는 하루 전에 여권의 파손 또는 유효 기간이 경과되었음을 알았을 경우, 인천공항 내 외교부 영사 민원 서비스에서 긴급 여권 재발급 서비스를 받을 수 있다. 단, 기존 여권이 있을 때에 한하여 단수 여권으로 재발급받을 수 있다.

위치 인천공항 내 외교부 영사 민원 서비스센터 여객 터미널 3층 F 카운터 시간 09:00~18:00(법정 공휴일 휴무) 전화 032-740-2777

록 등본을 지참해서 가족임을 증명해야 한다. 부모가 모두 동반하지 않는 경우에는 입국이 까다로워서 반드시 베트남 대사관에 문의하여 필요 서류를 준비해서 가야 한다.

주한 베트남 대사관

주소 서울특별시 종로구 북촌로 123 전화 02-734-7948 시간 09:00~17:30

1개월 관광 단수 비자 신청 절차

1. **비자 신청 시간**: 평일 09:00~11:30(순번 대기표 이용), 본인 직접 방문
2. **구비 서류**: 증명사진(3x4) 1매 + 여권 원본(유효 기간 6개월 이상, 여권 투명 커버 제거) + 전자 항공권 + 호텔 바우처 + 여행 일정표 + 비자 신청서(대사관 내 구비) 영문 작성
3. 베트남 대사관 B3 사무실에 접수
4. 현금 원화 선불 납부
5. 접수 후 변경 취소 불가
6. 약 1주일 후 B2 문서 교부실에서 접수증 제시 후 픽업
7. 본인 비자 반드시 확인

비자 관련 직통 전화 02-725-2487
이메일 vnembassyseoul@hanmail.net

여행자 보험

만약의 일에 대비해서 여행자 보험은 반드시 들고 가야 한다. 출발 당일 공항 내 보험 회사 데스크에서 신청할 수 있으나, 출발 전 보험 회사 인터넷 홈페이지나 보험 회사로 직접 신청하는 것이 좀 더 저렴하다.
은행에서 환전하거나 신용 카드 회사에서 항공권 구입 시 여행자 보험을 들어 주기도 하는데 보장 내역과 조건을 비교해서 중복되지 않도록 드는 것이 좋다. 여행자 보험은 비행기 연착 등의 변동 상황에 대비하여 실제 여행 기간에 1일 정도 여유 있게 신청하는 것이 좋다. 여행자 보험에 가입할 때에는 상해 및 질병, 휴대품 손해 등의 보장 내역을 꼼꼼히 확인해야 한다.

DB손해보험 www.idbins.com
삼성화재 www.samsungfire.com
KB손해보험 www.kbinsure.co.kr

항공권 준비

같은 출발일의 항공권이라도 유효 기간이 짧을수록, 제한 조건이 까다로울수록 저렴하다. 또 동남아시아 항공권은 항공사에서 보통 6개월 전에 스케줄과 요금을 내놓는 경우가 많아, 출발 6개월 전에 준비하면 가장 저렴한 항공권을 구매할 확률이 높다. 우선 스카이 스캐너 등의 항공권 비교 사이트를 통해 항공 요금을 조회한 후, 결제 조건과 환불 규정 등을 확인하고 구입하면 된다. 얼리버드 Early Bird, 취항 특가 등 각 항공사 홈페이지를 통해서만 나오는 요금도 있으니 반드시 비교해 보자. 항공권은 온

라인 여행사를 통하여 쉽게 예약 및 결제할 수 있으나, 발권 후 취소 및 변경 시 수수료가 발생하니 반드시 결제 전에 일자 및 스케줄, 영문 이름 등을 꼭 확인하자.

인천 – 다낭은 대한항공, 아시아나항공, 베트남항공, 진에어, 제주항공, 티웨이항공이 취항하고, 부산 – 다낭은 진에어, 에어부산, 제주항공 등이 운항중이다. 소요 시간은 인천 – 다낭 간 약 4시간 30분, 부산 – 다낭 간 약 4시간 정도이다.

스카이스캐너 www.skyscanner.co.kr
대한항공 kr.koreanair.com
아시아나항공 flyasiana.com
베트남항공 www.vietnamairlines.com
제주항공 www.jejuair.net

Tip 사전 좌석 지정 및 특별 기내식 신청하기

사전 좌석 지정 서비스는 출발 48시간 전에 선호하는 좌석을 미리 지정할 수 있는 항공사 서비스이다. 비상구 좌석은 아동과 노약자, 몸이 불편한 승객은 앉을 수 없고 사전 지정이 안 된다. 또한 항공사에 따라 사전 좌석 지정 서비스와 선호 좌석 지정 서비스 등이 유료인 경우가 있다.

12세 미만 아동을 동반하는 여행이라면, 출발 전에 아동식을 신청할 수 있다. 아이의 연령에 따라 2세 미만 유아, 2세 전후, 12세 미만으로 나뉘며, 최소 출발 48시간 전에 신청해야 서비스를 받을 수 있다.

아시아나항공	대한항공
베이비 밀 Baby Meal 미음 제공(2세 미만의 유아)	**유아식** Baby Meal 이유식과 아기용 주스 제공(24개월 미만의 유아)
토들러 밀 Toddler Meal 서울 출발편(일부 단거리 구간 제외)에 한해 영양가 있는 진밥 메뉴 제공(2세 미만의 유아)	**유아용 아동식** Infant Child Meal 아동식 식사가 가능한 24개월 미만의 영유아에게 제공되며, 메뉴는 아동식 Child Meal과 동일
차일드 밀 Child Meal 오므라이스와 소시지, 떡갈비와 맛밥, 볶음밥과 치킨 너겟, 미트볼 토마토소스 파스타 (12세 이하의 아동)	**아동식** Child Meal 한국 출발편은 스파게티, 햄버거, 오므라이스, 돈가스를 제공하며, 해외 출발편은 햄버거, 피자, 스파게티, 핫도그 제공(만 2세~12세 미만의 아동)

호텔 예약하기

호텔 선택은 우선 일정과 인원, 여행 유형을 고려하여 합리적으로 선택해야 한다. 예를 들어 다낭 도착이 밤이나 새벽인 경우, 도착하는 날은 공항과 가까운 저렴한 호텔에서 숙박하면 좋다. 베트남은 동반 가능한 아동의 나이를 만 6세로 규정하고 있는 호텔이 많아서 동반 가능한 아동의 수와 나이를 꼭 체크해야 한다. 대부분의 호텔 예약 사이트의 경우, 조식이 불포함되어 있다. 세금이 최종 예약 단계에서 추가되는 경우가 많으니, 반드시 결제 전 단계까지 가서 요금을 확인해야 정확하다. 환불 불가 조건은 가격이 저렴하나 어떠한 상황에도 환불이 불가능하니 결제에 신중하자.

호텔스컴파인 www.hotelscombined.co.kr
호텔스닷컴 www.hotels.com
익스피디아 www.expedia.co.kr
호텔패스 www.hotelpass.com
몽키트래블 www.monkeytravel.com

환전하기

베트남은 베트남 화폐 동VND을 사용한다. 베트남 동은 한국에서 달러로 환전 후, 현지에서 동으로 재환전하는 것이 이익이다. 단, 금은방 등에서의 환전은 환율의 변동이 심하고 공식 환전소가 아니어서 비교가 힘들다. 가능하면 공항의 공식 환전소나 호텔, 마트 내 환전소를 이용하는 것이 좋다. 베트남 동은 '0'이 많아서 한꺼번에 많은 돈을 환전하면 돈 관리가 힘들다. 여비 이외에도 호텔 체크인 시 보증금 개념으로 사용될 VISA, Master, Amex 등 해외 사용 신용 카드도 챙겨가야 한다.

짐 싸기

짐을 쌀 때에는 수하물로 부칠 짐과 기내에 들고 갈 짐을 나눠서 싸도록 한다. 물에 젖거나 입은 옷 등을 넣을 수 있는 지퍼백을 미리 챙겨가면 편리하다. 더운 나라로 여행할 때에는 옷을 너무 많이 챙겨가기 보다는 구김이 안 가고 잘 마르는 옷으로 몇 벌 정도 가져가는 것이 좋다. 노트북, 카메라 등의 전자기기는 수하물로 부치면 파손될 수 있고, 배터리가 있어 직접 들고 타야 한다. 충전기도 꼭 챙기고 멀티 어댑터도 있으면 편리하다.
항공사마다 차이는 있지만, 수하물로 부칠 수 있는 짐의 무게는 이코노미석 기준 1인당 15~23kg 정도이다. 최근 LCC 항공사들의 경우, 항공권의 조건에 따라 부치는 무료 수하물이 유료인 경우가 있으니 사전에 수하물 조건을 반드시 체크해야 한다. 액체류는 기내 반입에 제한이 있으므로 가능한 트렁크에 넣어서 짐으로 보내는 것이 좋다. 반드시 기내로 들고 가야 하는 품목이라면 규정대로 나눠 담아서 들고 탄다. 보조 배터리나 충전용 배터리의 경우 기내로 들고 탈 수 있는 개수가 제한되어 있으니 사전에 항공사에 연락하여 재확인하는 것이 좋다.

준비물 체크 리스트

필수	체크
여권, 여권 사본	☐
항공권(E-Ticket)	☐
호텔 예약 바우처	☐
투어 예약 바우처	☐
현지 통화(환전), 원화	☐
신용 카드(해외 가능용)	☐
국제 운전 면허증	☐
여권 사진 2매	☐
필기도구	☐
ENJOY 다낭	☐
의류	**체크**
속옷	☐
긴팔, 긴바지	☐
반팔, 반바지	☐
원피스	☐
모자	☐
신발(구두, 운동화 등)	☐
안경, 선글라스	☐
물놀이용품	**체크**
수영복	☐
튜브	☐
방수 가방	☐

화장품·의약품·세면도구	체크
화장품	☐
선크림	☐
티슈, 물티슈	☐
여성용품	☐
비상약품	☐
세면도구	☐
수건, 샤워 타올	☐
면도기	☐
전자용품 외 기타	**체크**
휴대폰 / 충전기	☐
보조 배터리	☐
카메라 / 삼각대	☐
메모리 카드 / USB	☐
멀티 어댑터	☐
이어폰	☐
셀카봉	☐
음식(밥, 라면 등)	☐
차, 믹스 커피	☐
우산 (or 우비)	☐
드라이 + 빗	☐
거울	☐
지퍼백 / 비닐봉지	☐

액체 및 젤류 허용 범위

금지 물품

- **액체** 물, 음료, 소스, 로션, 향수 등
- **분무** 스프레이류, 탈취제 등
- **젤** 시럽, 반죽, 크림, 치약, 마스카라, 액체 · 고체혼합류 등
- 그 외 실온에서 용기에 담겨 있지 않으면 형태를 유지할 수 없는 물질

가능 물품

- 화장품 등의 100mL 이하의 액체류를 1L 이하의 투명한 플라스틱제 지퍼락(약 20cm×20cm) 봉투에 담은 봉투 1개만 반입할 수 있음
- 처방전 있는 의약품, 처방전 있는 처방 음식, 시판 약품, 의료 용구 반입 가능
- 유아 동반 시 함께 휴대하는 유아용품 허용
- 검색 시 보안 요원에게 별도 제시 필요

면세점에서 구입한 물품

면세점에서 발행한 영수증이 함께 부착되어 투명 봉인 봉투에 밀봉된 경우, 용량에 무관하게 기내에 반입할 수 있다. 단, 최종 목적지행 항공기 탑승 전까지 개봉하지 않아야 한다.

Tip 짐으로 부치면 안 되는 것들

휴대폰 충전용 보조 배터리, 라이터, 전자 담배 등과 노트북, 휴대폰 등의 전자기기는 수하물로 부칠 수 없다. 직접 들고 타야 하며, 리튬 배터리의 경우 한 명이 소지할 수 있는 개수와 용량에 제한이 있다. 라이터는 기내로 1인 1개까지만 가능하다.

출국 수속

출국 수속 순서

❶ 공항 도착 → ❷ 탑승 수속 → ❸ 세관 신고 → ❹ 출국장 → ❺ 보안 심사 → ❻ 출국 심사 → ❼ 면세점 이용 → ❽ 탑승구 이동 및 비행기 탑승 → ❾ 이륙

❶ 공항 도착

한국 - 다낭 간 항공편은 인천공항과 부산 김해공항에서 출발이 가능하다. 국제선 항공편은 최소 출발 2시간 전에 공항에 도착해서 출국 수속을 해야 한다. 통상적으로 출발 50분 전에는 항공사 탑승 수속 카운터의 수속이 마감되고, 최근에는 정시 운항을 위하여 출발 10분 전에 탑승 게이트를 닫는 경우도 많다.

❷ 탑승 수속

공항에 도착하면, 해당 항공사 카운터에 가서 전자 항공권E-Ticket과 여권을 제시하고 탑승권을 받는다. 이때 짐이 있다면 수하물로 보내면 되는데, 수하물표는 나중에 짐이 분실되거나 문제가 있을 때 중요한 서류이므로 잘 보관해야 한다.

셀프 체크인

대한항공, 아시아나항공 등은 셀프로 탑승권을 발급받을 수 있는 키오스크를 운영하고 있다. 이 기계를 이용하면 길게 줄을 서서 기다릴 필요가 없어 빠르게 탑승 수속을 할 수 있다. 해당 항공사 발권 카운터 옆 키오스크 기기에서 여권을 스캔하면 티켓이 자동 발권된다. 그리고 셀프 체크인 전용 카운터에서 짐을 부치면 된다.

웹 체크인이란?

웹 체크인은 항공편 출발 1~48시간 전까지 항공사 홈페이지나 어플리케이션을 통해서 사전 탑승 수속을 하는 것을 말한다. 웹 체크인 후 항공사 웹 체크인 전용 카운터에서 수하물을 보내고, 탑승권을 받아서 들어가면 된다. 웹 체크인 전용 카운터를 이용하면 길게 줄을 서는 시간을 절약할 수 있다.

❸ 세관 신고

여행 시 사용하고 다시 가져올 귀중품 또는 고가품은 출국하기 전 세관에 신고한 후 '휴대 물품 반출 신고(확인)서'를 받아야 입국 시에 면세를 받을 수 있다. 미화 1만 달러를 초과하는 일반 해외여행 경비 또한 반드시 세관 외환 신고대에 신고해야 한다.

세관 신고해야 할 물품

- 전문 기구의 임시 반입과 재반출 또는 이에 상응하는 사항
- 중독성 의약품
- 미화 30달러 초과의 기타 약품
- 미화 5천 달러 이상, 베트남 1,500만 동 이상, 금 300g 이상

Tip 패스트 트랙 Fast Track

패스트 트랙은 교통 약자 및 출입국 우대자를 위한 서비스로, 패스트 트랙 전용 출국장을 통해 편리하고 신속하게 출국 수속할 수 있는 서비스이다. 패스트 트랙 전용 출국장(동·서)은 오전 7시~오후 7시까지만 운영한다. 7세 미만 유·소아, 만 70세 이상 고령자, 임산부, 휠체어와 의료용 산소 등을 사용하는 몸이 불편한 승객이 그 대상이다. 이용 방법은 본인이 이용하는 항공사의 체크인 카운터에서 이용 대상자임을 확인받고, '패스트 트랙 패스'를 받아 전용 출국장 입구에서 여권과 함께 제시해, 보안 검색 및 출국 심사 후 탑승 게이트로 이동하면 된다.

❹ 출국장

항공사 수속 카운터에서 가까운 출국장으로 가서 여권과 탑승권을 보여 주고 안으로 들어가면 된다.

❺ 보안 심사

보안 심사를 받기 전에 신발은 준비된 슬리퍼로 갈아 신어야 하며, 여권과 탑승권을 제외한 모든 소지품을 검사받는다. 노트북, 휴대폰 등도 가방에서 꺼내 바구니에 담아야 하며, 칼, 가위 같은 날카로운 물건이나 스프레이, 라이터(1개만 허용), 가스 같은 인화성 물질은 반입이 안 되므로 기내 수하물 준비 시 미리 체크하도록 한다.

❻ 출국 심사

2006년 8월 1일부터 대한민국 국민은 출입국 신고서 작성이 생략되어 작성할 필요가 없다. 출국 심사대 대기선에서 기다리다가 차례가 오면 한 사람씩 여권과 탑승권을 제시하면 된다. 가족이나 동반인이더라도 한 명씩 순서대로 심사를 받아야 한다. 심사 중 선글라스나 모자는 벗고 전화 통화는 자제한다.

❼ 면세점 이용

출국 심사를 마치고 나오면 면세 구역에서 면세품을 쇼핑할 수 있다. 인터넷 면세점이나 시내 면세점에서 사전에 구입한 물건이 있다면, 면세점별 인도 장소에서 수령하면 된다.

❽ 탑승구 이동 및 비행기 탑승

면세 구역을 지나 탑승권에 나와 있는 해당 탑승 게이트로 이동하여 항공기에 탑승하면 된다. 보통 항공기 출발 30분 전에 탑승을 시작하여 10분 전에는 탑승이 마감되니 항공기 출발 최소 30분 전에는 해당 탑승 게이트 앞에서 대기해야 한다.

❾ 이륙

게이트 앞에서 승무원에게 탑승권을 보여 주고 좌석 위치 안내를 받는다. 짐은 머리 위 선반 또는 의자 아래에 넣는다. 이착륙 시 항상 안전벨트를 착용하고 등받이와 테이블은 제자리로 하며 휴대폰 등 전자기기는 끄거나 비행기 모드로 전환한다. 기내식이 제공되는 항공사의 경우 기내식, 음료, 주류 등이 무료로 제공된다. 단, 기내에서는 고도가 높아 쉽게 취할 수 있으므로 주류 섭취 시 주의한다. 기내 화장실은 밀어서 열고 들어가며, 반드시 문을 잠그도록 한다. Vacancy(녹색)는 비었음, Occupied(빨간색)는 사용 중을 나타낸다. 베트남은 출입국 신고서가 없고, 세관 신고서는 자율 신고다. 신고할 물품이 없는 사람은 신고서를 작성할 필요가 없다.

Tip 자동 출입국 심사

출입국 시 길게 줄을 설 필요 없이 자동 심사 기기에서 여권 스캔과 지문 확인만으로 출입국 심사를 받는 방법이다. 만 19세 이상 국민이라면 사전 등록 절차 없이 바로 이용 가능해서 더욱 편리하다. 단, 개명 등 인적 사항 변경 및 주민등록증 발급 후 30년이 경과된 국민은 사전 등록 후 출발 전 여권을 지참하고 자동 출입국 심사 등록 센터에 방문해서 사진 촬영과 지문, 서명을 등록하면 바로 이용할 수 있다. 만 7~14세 미만은 부모 동반 및 가족 관계 확인 서류를 지참하고 사전 등록 후 이용 가능하다.

자동 출입국 심사 등록 센터

전화 032-740-7400 **시간** 06:30~19:30(연중무휴)
위치 인천 국제공항 여객 터미널 3층 체크인 카운터 F 구역 맞은편(3번 출국장 옆)

베트남 입국하기

베트남 입국 순서

❶ 착륙→❷ 입국 심사→❸ 짐 찾기→❹ 세관 심사→❺ 입국장

❶ 착륙

다낭 국제공항에 도착하면 도착 Arrival 또는 이민국 Immigration 사인을 따라서 이동하면 된다.

❷ 입국 심사

입국 심사대에 도착하면 여권을 입국 심사관에게 제시한다. 혹시 출국편 항공권을 요청할 수 있으니 전자 항공권인 이티켓E-Ticket을 소지하는 것이 좋다.

❸ 짐 찾기

다낭행 항공편의 수하물 벨트에서 짐을 찾으면 된다. 비슷한 색깔의 가방이 많아서 수하물표의 이름을 확인하고 가방을 찾으면 된다.

❹ 세관 심사

수하물 벨트에서 짐을 찾은 후 세관을 통과해서 나가면 된다. 세관에 신고할 물품이 없는 경우 'Nothing to Declare'를 통과해서 나가면 된다. 도착홀로 나가기 전에 엑스레이로 짐을 한 번 더 검색한다.

베트남 입국 시 면세 품목 및 제한 사항

- **주류 면세 한도** : 도수 22도 이상 1.5L, 도수 22도 이하 2L, 알코올 음료수 또는 맥주 3L
- **담배 면세 한도** : 담배 200개비, 궐련 100개비, 입담배 500g
- 상기 관세 면제 기준은 18세 미만에게는 적용되지 않으며, 입국자는 술 및 담배 외에 1천 만동(미화 약 450달러) 이내의 기타 물품에 대해 면세이다. 또한 미화 5천 달러 이상 소지할 경우, 입국 시 반드시 세관에 신고해야 한다.

❺ 입국장

위의 모든 과정을 거쳐서 나오면 도착Arrival 홀이다. 여행사에 픽업을 요청했다면, 이곳에서 기사를 만나게 된다.

❻ 공항에서 호텔까지

다낭 공항에서 호텔까지 이동하는 가장 빠르고 편리한 방법은 여행사 픽업 서비스를 이용하는 것이다. 그리고 그 다음이 택시이다. 만약 인원과 짐이 많은 초행길 여행자라면 여행사 픽업 서비스나 호텔 픽업 서비스를 미리 신청하는 것이 택시보다 비용을 줄이고 편안한 방법이 될 수 있다. 단, 여행사 및 호텔 픽업 서비스는 미리 예약해야 하며, 만약 예약 없이 도착했다면 도착홀의 택시를 이용하는 방법도 있다.

집으로 돌아가는 길

출국

❶ 공항 도착 → ❷ 탑승 수속 → ❸ 출국 심사 → ❹ 면세점 이용 → ❺ 비행기 탑승 → ❻ 입국 심사 → ❼ 짐 찾기 → ❽ 세관 심사

❶ 공항 도착

다낭 국제공항에는 최소 출발 2시간 전까지 도착해서 출국 수속을 밟아야 한다. 한국행 항공편의 출발이 집중되는 밤과 새벽 시간에는 조금 더 일찍 도착하는 것이 긴 줄을 피할 수 있는 방법이다.

❷ 탑승 수속

공항에 도착하면 항공사별 수속 카운터에서 이티켓E-Ticket과 여권을 제시하고 탑승권을 받는다. 부칠 짐이 있다면 이때 수하물도 같이 보내면 된다. 액체류는 트렁크에 넣거나 짐으로 싸서 수하물로 보내고, 보조 배터리 등은 들고 타야 한다.

❸ 출국 심사

출국 심사대 대기 선에서 기다리다가 차례가 되면 한 사람씩 여권과 탑승권을 제시하면 된다. 가족 또는 동반인이더라도, 한 명씩 도장을 받고 출국 심사대를 통과한다.

❹ 면세점 이용

출국 심사를 마치고 나오면 면세 구역으로 면세품 쇼핑을 할 수 있다. 다낭 국제공항 내에는 롯데 면세점이 있고 늦게까지 오픈해서 면세 쇼핑이 편리하다.

롯데 면세점 다낭 국제공항점

취급 품목은 향수, 화장품, 주류, 담배, 식품, 패션 잡화 등이 있다.

시간 05:30~02:30 전화 0236 3865 368

❺ 비행기 탑승

해당 탑승 게이트로 이동하여 항공기에 탑승하면 된다. 출발 30분 전부터 탑승을 시작하여, 보통 10분 전에 마감되니 항공기 출발 최소 10분 전까지는 해당 게이트 앞에서 대기해야 한다. 한국행 비행기 안에서 승무원이 세관 신고서를 나눠 주는데, 미리 작성해 두었다가 한국에 도착해 세관에 제출하면 편리하다.

❻ 입국 심사

비행기에서 내려 입국 심사대로 이동해 여권을 제시하고 입국 심사를 받거나, 자동 출입국 심사 기기를 이용한다.

❼ 짐 찾기

가까운 전광판에서 해당 항공편의 수하물 벨트 번호를 확인하고 해당 벨트에서 짐을 찾는다. 단, 비슷한 색의 가방이 많으니 수하물표의 번호를 꼭 확인하자.

❽ 세관 심사

기내에서 작성한 여행자 휴대품 신고서를 제출해야 하며, 세관 신고를 해야 하는 사람은 자진 신고가 표시되어 있는 곳으로 간다. 만약 신고를 하지 않고서 면세 범위를 초과한 물건을 가지고 입국하다가 세관 심사관에게 적발되는 경우에는 가산세를 내거나 관세법에 따라 처벌받을 수 있다.

1인당 휴대품 면세 범위 (과세 대상 : 국내 면세점 구입 물품 + 외국에서 구입한 물품)

- 주류 1병(1L, 400불 이하)
- 향수 60mL
- 담배 200개피
- 기타 합계 600불 이하의 물품(농산물 등 일부 제외)
- 단, 만 19세 미만의 미성년자가 반입하는 주류 및 담배는 제외
- 면세 범위를 초과한 물품의 국내 반입 시, 자세한 예상 세액은 관세청 홈페이지 내 '휴대품 예상 세액 조회'를 통해 미리 계산할 수 있다.

관세청 여행자 휴대품 예상 세액 조회
www.customs.go.kr

©EQRoy

다낭

Sightseeing

Shopping

Eating

Massage

Sleeping

호이안

Sightseeing

Eating

Massage

Sleeping

후에

Sightseeing

Eating

Massage

Sleeping

ENJOYMAP

인조이맵 지도 서비스

enjoy.nexusbook.com

'ENJOY MAP'은 인조이 가이드 도서의 부가 서비스로,
스마트폰이나 PC에서 **맵코드만 입력**하면
간편하게 **길 찾기**가 가능한 무료 지도 서비스입니다.

인조이맵 이용 방법

1. QR 코드를 찍거나 주소창에 enjoy.nexusbook.com을 입력하여 접속한다.
2. 간단한 회원 가입 후 인조이맵을 실행한다.
3. 도서 내에 표기된 맵코드를 검색창에 입력하여 길 찾기 서비스를 이용한다.
4. 인조이맵만의 다양한 기능(내 장소 등록, 스폿 검색, 게시판 등)을 활용해 보자.